国家科学技术学术著作出版基金资助出版

U0184772

双规准反应谱理论、方法及应用

BI-NORMALIZED RESPONSE SPECTRAL THEORY, METHODS AND APPLICATIONS

徐龙军　赵国臣　著

哈尔滨工业大学出版社
HARBIN INSTITUTE OF TECHNOLOGY PRESS

内 容 简 介

地震动反应谱是地震工程学的核心概念之一，反应谱方法是建筑结构抗震设计中最基本、最重要的方法。为使建筑结构在未来地震作用下具有足够的安全水平，规范中的设计谱通常是多条地震动反应谱的统计值。由于地震动记录的复杂性，当所选地震动记录不同时，所得到的统计值会存在明显的差异。鉴于此，抗震设计谱的标定方法已成为地震工程和土木工程领域研究的重要问题之一。本书结合作者近几年的研究工作，介绍了双规准反应谱方法在地震动反应谱分析中的特点和优势。

本书可以作为土木工程学科高年级本科生和研究生的参考用书，也可以供从事地震动反应谱和设计谱的研究者参考。

图书在版编目（CIP）数据

双规准反应谱理论、方法及应用/徐龙军，赵国臣著. — 哈尔滨：哈尔滨工业大学出版社，2021.1

ISBN 978-7-5603-7512-0

Ⅰ．①双… Ⅱ．①徐… ②赵… Ⅲ．①地震反应谱—研究 Ⅳ．①P315.3

中国版本图书馆 CIP 数据核字（2018）第 163334 号

策划编辑　王桂芝　王　慧
责任编辑　李长波　王　玲　杨明蕾
出版发行　哈尔滨工业大学出版社
社　　址　哈尔滨市南岗区复华四道街 10 号　邮编 150006
传　　真　0451-86414749
网　　址　http://hitpress.hit.edu.cn
印　　刷　哈尔滨博奇印刷有限公司
开　　本　787mm×1092mm　1/16 开　印张 12.75　插页 2　字数 292 千字
版　　次　2021 年 1 月第 1 版　2021 年 1 月第 1 次印刷
书　　号　ISBN 978-7-5603-7512-0
定　　价　68.00 元

符 号 表

$\ddot{u}_{\mathrm{g}}$	地震动加速度时程
f_{I}	单自由度体系 SODF 惯性力
f_{S}	SDOF 弹性恢复力
f_{D}	SDOF 阻尼力
u、$\dot{u}$ 和 $\ddot{u}$	SDOF 相对位移、相对速度和相对加速度反应
ω_{n}	SDOF 自振圆频率
T_{n}	SDOF 周期，也作为反应谱的横坐标
ξ	SDOF 阻尼比
ω_{d}	SDOF 阻尼自振圆频率
k	SDOF 刚度
m	SDOF 质量
$S_{\mathrm{d}}(T_{\mathrm{n}})$	相对位移反应谱
$S_{\mathrm{v}}(T_{\mathrm{n}})$	相对速度反应谱
$S_{\mathrm{a}}(T_{\mathrm{n}})$	绝对加速度反应谱
$PS_{\mathrm{a}}(T_{\mathrm{n}})$	伪加速度反应谱
$PS_{\mathrm{v}}(T_{\mathrm{n}})$	伪速度反应谱
PGA	峰值地面加速度
PGV	峰值地面速度
PGD	峰值地面位移
u_{m}	非弹性 SDOF 最大非弹性位移
u_{y}	非弹性 SDOF 屈服位移
u_0	与非弹性 SDOF 相对应的弹性体系的最大位移
f_0	非弹性 SDOF 保持完全弹性所需要的最小侧向恢复力
f_{y}	非弹性 SDOF 屈服力

$C = u_{\mathrm{m}}/u_0$	非弹性位移比
$R = f_0/f_{\mathrm{y}}$	强度折减系数
α_{A}	Newmark 三联设计谱加速度段放大系数
α_{V}	Newmark 三联设计谱速度段放大系数
α_{D}	Newmark 三联设计谱位移段放大系数
T_{a}、T_{b}、T_{c}、T_{d}、T_{e}、T_{f}	设计谱的控制点周期，不同方法控制点周期个数不同，但均采用相类似的参数表述
T_{cg}	Malhotra 方法中的中心周期
$\overline{PS_{\mathrm{v}}}$、$\overline{PGV}$	Malhotra 方法规准伪速度谱和规准峰值加速度
$\overline{T_{\mathrm{n}}} = T_{\mathrm{n}} / T_{\mathrm{cg}}$	Malhotra 方法设计谱横坐标
a_{m}	确定加速度设计谱中所取的设计峰值加速度
$\beta_{\max}$	采用规准加速度谱作为设计谱的平台段放大系数
T_0	加速度设计谱的平台段起点周期
T_{g}	加速度设计谱的平台段终点周期，或地震动卓越周期
γ	加速度设计谱长周期段衰减指数
EPA	有效峰值加速度
EPV	有效峰值速度
T_{p}	双规准反应谱横轴规准周期，通常取加速度或速度反应谱的峰值周期，在第 4 章也指简谐波地震动的周期
u_{st}	单自由度体系稳态相对位移反应
u_{tr}	单自由度体系瞬态相对位移反应
F_{r}	频比
C_{FN}	近断层方向性效应地震动分量
C_{FP}	近断层滑冲效应地震动分量
$T_{\mathrm{v-p}}$	地震动速度反应谱峰值对应周期
T_{ep}	等效脉冲周期，最大半周期速度脉冲乘以 2
NS_{a}、NS_{v}、NS_{d}	规准加速度反应谱、规准速度反应谱和规准位移反应谱
PGA_{V}、PGA_{H}	竖向地震动分量峰值加速度和水平向地震动峰值加速度
PGA_{O}、PGA_{C}	原始地震动 PGA 和采用分解方法得到的地震动分量的 PGA

序

地震动反应谱可以非常简便地估算结构在地震作用下的反应。目前，反应谱方法在建筑结构的抗震设计中仍扮演着非常重要的角色。自反应谱方法的提出至得到普遍的认可与应用大致经历了 40 年的时间（20 世纪 30 年代至 70 年代）。在这一早期的研究过程中，我国关于反应谱的研究较少。自 20 世纪 80 年代以来，我国关于地震动反应谱的研究逐步增多，但目前尚未有一部中文版的关于地震动反应谱的学术专著。本书作者徐龙军教授自 2001 年以来一直致力于地震动反应谱的研究，其也是国际上公认的最早给出双规准反应谱明确定义与概念的学者之一。本书以学术专著的形式介绍了徐龙军教授在双规准反应谱领域所展开的研究工作。本书可作为从事地震工程领域研究者的参考用书，也可作为土木工程领域研究生的参考书籍。

由于受多种因素的共同影响，如震源机制、传播效应和场地效应等，地震动表现出丰富的多样性，其反应谱之间也千差万别。在实际工程应用中，通常采用一定数量的地震动记录反应谱的统计值作为设计反应谱。然而，当选取的记录不同时，所得到的结果之间存在明显的差异。双规准反应谱的研究目的之一便是消除各种因素对地震动反应谱的影响，以找寻地震动反应谱的统一规律，进而获取更为科学、准确的设计谱。目前，国际上已广泛采用双规准反应谱方法分析地震动及其反应谱的特性。虽然双规准反应谱具有明显的优越性，但这种方法仍未能写入现行的抗震规范以指导建筑结构的抗震设计。希望本书内容能够激发土木工程领域研究者和设计者对双规准反应谱的研究兴趣，也期待这一方法能够早日付诸实践。

谢礼立

中国地震局工程力学研究所　研究员

哈尔滨工业大学　土木工程学院　教授

中国工程院　院士

2020 年 5 月

前　言

　　反应谱方法自 1932 年由 Biot 提出以来，已逐渐发展完善，并广泛应用于世界各国的建筑结构抗震设计中。反应谱方法能够广泛应用的主要原因是，其能够提供一种科学、简便的途径计算地震作用，并能同时考虑结构的动力特性。此外，反应谱方法能够直观描述地震动中不同频率成分的多少，这一方法也逐渐成为描述地震动特性的重要工具。目前，专门介绍反应谱方法的中文版书籍和学术专著非常少。自 2000 年以来，作者一直致力于地震动反应谱和抗震设计谱的研究。作者也是早期在国内外学术论文中给出双规准反应谱明确概念和定义的学者之一。

　　反应谱方法最主要的工程实践是应用于建筑结构的抗震设计，本书的内容也主要立足于抗震设计谱的标定。抗震设计谱是一种具有统计意义的地震动反应谱，早期的设计谱标定主要采用实际地震动的平均反应谱或者平均规准反应谱。分析发现，采用这种方法标定的设计谱的统计特性较差。虽然整体上随震级、场地和距离的变化表现出一定的规律，但其离散性较大。相对于实际地震动反应谱和规准反应谱，双规准反应谱具有较好的统计特性。不同震级、场地和距离分类中的地震动双规准反应谱均表现出显著的统一性。目前，双规准反应谱的优越性已得到国内外学者的普遍认可。本书系统介绍了简谐波地震动模型、等效地震动模型、脉冲型地震动、远场类谐和地震动及地下工程地震动的规准和双规准反应谱特性，并介绍了几种基于双规准反应谱标定抗震设计谱的方法。

　　本书主要总结与介绍了作者近年来在地震动反应谱领域所开展的研究工作。本书所列内容和研究结果均是在谢礼立院士指导下完成的，在此对恩师谢礼立院士多年以来的殷切指导表示最衷心的感谢。本书研究工作得到了国家自然科学基金（编号：51678208，51238012，51178152，50808168）的资助，对此深表感谢。

　　由于作者水平有限，书中疏漏之处在所难免，恳请广大读者批评指正。

作　者

2020 年 5 月

目　　录

第1章　反应谱方法概述

1.1　反应谱方法的提出

19 世纪 30 年代初期，美国的 Theodore von Kármán 教授和 Maurice Biot 教授在动力学理论的研究中取得了丰富的成果。这些研究成果为后期地震工程领域中反应谱方法的提出奠定了基础。反应谱方法最早在 1932 年由 Biot[1]提出。1933 年 1 月 19 日，Biot[2]在其论文中指出，目前对于地震动反应谱随周期或频率的分布还没有研究，但这将揭示两个方面的重要内容：①谱峰值能够揭示场地的信息；②将易于评估结构在地震动作用下的最大响应。1933 年 3 月 10 日，在美国加利福尼亚州的长滩地震（Long Beach）中记录了人类史上第一条地震动信息，为反应谱的计算提供了第一条实测数据。1941 年，Biot[3]通过机械分析器（Mechanical Analyzer）计算得到了真实地震动记录的反应谱，为当时反应谱的计算提供了一种较为简便的途径。1942 年，Biot[4]阐释了反应谱方法及其叠加方法的基本原理和准则。至此，反应谱的基本理论得到了充分的发展。

在 1980 年第七届世界地震工程会议中，Krishna[5]教授曾指出，"如今的地震工程学是伴随着 Biot 的反应谱理论方法的提出而产生的"。由此可见反应谱方法在地震工程领域中的重要地位。但由于计算结构在不规则地震动作用下的反应非常困难，以及只有少数完整的地震动记录可以使用，反应谱理论从提出到最终得到广泛的接受和应用经历了40 年的时间。在 19 世纪 60 年代末和 70 年代初期，地震动记录开始可以转化为数字信号，地震动和反应谱的数字计算也得到了充分的发展。在 1971 年美国的圣费尔南多地震（San Fernando）中记录了 241 条地震动信息。这些地震动记录的获得为综合分析地震动反应谱的特性提供了可行性，反应谱方法的发展与应用也迎来了一个新的时代。

1.2　反应谱的基本概念

反应谱概念的提出使结构抗震理论从静力阶段发展到动力阶段，是地震工程学发展史上一个重要的里程碑。地震动反应谱很好地反映了地震动的有效峰值和频谱特性，它与结构的振型分解法相结合，可使复杂的多自由度体系在地震作用下的反应问题得到简化，为工程结构抗震设计中考虑地震作用提供了定量依据。反应谱是单自由度体系

（Single-Degree-of-Freedom System，SDOF）某一最大反应量与体系自振周期和阻尼比的函数。在研究中，"体系"通常指单自由度弹性体系。常见的最大反应量主要有体系的加速度、速度和位移反应。根据坐标参考系的不同，这些反应又分为体系相对于基岩的绝对反应和相对于地面的相对反应。

1.2.1 相对位移、相对速度和绝对加速度反应谱

图 1.1 所示为单自由度弹性体系在地震动作用下的受力示意图。该体系的质量为 m，刚度为 k，阻尼为 c。在地震动加速度时程 $\ddot{u}_g$ 作用下体系的相对位移反应为 u，其相对速度和相对加速度反应为 u 对时间 t 的 1 阶和 2 阶导数，分别记为 $\dot{u}$ 和 $\ddot{u}$。根据图 1.1（b）的受力分析可知，体系由加速度所产生的惯性力为 f_I，由体系位移变形杆件所产生的弹性力为 f_S，体系的阻尼力为 f_D。体系的动力平衡方程为

$$f_I + f_D + f_S = 0 \tag{1.1}$$

或

$$m\ddot{u} + c\dot{u} + ku = -m\ddot{u}_g \tag{1.2}$$

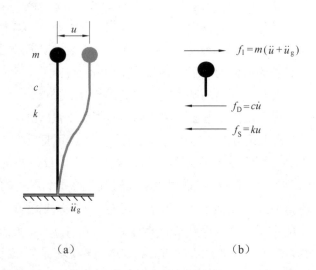

（a）   （b）

图 1.1 单自由度弹性体系在地震动作用下的受力示意图

令 $\omega_n = \sqrt{\dfrac{k}{m}}$，$\xi = \dfrac{c}{2m\omega_n}$，其中 ω_n 是体系的自振圆频率，体系的自振周期 $T_n = \dfrac{2\pi}{\omega_n}$，$\xi$ 是体系的阻尼比，则式（1.2）两边同除以 m 可得

$$\ddot{u} + 2\xi\omega_n\dot{u} + \omega_n^2 u = -\ddot{u}_g \tag{1.3}$$

由式（1.3）可知，体系在地震动作用下的反应仅与体系的自振周期和阻尼比相关。由图 1.1 知，体系的相对加速度、相对速度和相对位移反应分别为 $\ddot{u}(t)$、$\dot{u}(t)$ 和 $u(t)$，体系的绝对加速度、绝对速度和绝对位移反应分别为 $[\ddot{u}(t)+\ddot{u}_{\mathrm{g}}(t)]$、$[\dot{u}(t)+\dot{u}_{\mathrm{g}}(t)]$ 和 $[u(t)+u_{\mathrm{g}}(t)]$。由图 1.1 知，体系所受力的大小仅与体系的相对位移 $u(t)$ 有关，因此在研究中只需计算体系的相对位移，无须讨论体系的绝对位移。当阻尼比 ξ 固定时，单自由度体系在地震作用下的相对位移反应、相对速度反应和绝对加速度反应分别为

$$u(t)=-\frac{1}{\omega_{\mathrm{d}}}\int_{0}^{t}\ddot{u}_{\mathrm{g}}(\tau)\mathrm{e}^{-\xi\omega_{\mathrm{n}}(t-\tau)}\sin\omega_{\mathrm{d}}(t-\tau)\mathrm{d}\tau \tag{1.4}$$

$$\dot{u}(t)=-\int_{0}^{t}\ddot{u}_{\mathrm{g}}(t)\mathrm{e}^{-\xi\omega_{\mathrm{n}}(t-\tau)}\left[\cos\omega_{\mathrm{d}}(t-\tau)-\frac{\xi}{\sqrt{1-\xi^{2}}}\sin\omega_{\mathrm{d}}(t-\tau)\right]\mathrm{d}\tau \tag{1.5}$$

$$\ddot{u}_{\mathrm{g}}(t)+\ddot{u}(t)=\omega_{\mathrm{d}}\int_{0}^{t}\ddot{u}_{\mathrm{g}}(t)\mathrm{e}^{-\xi\omega_{\mathrm{n}}(t-\tau)}\left[(1-\frac{\xi^{2}}{1-\xi^{2}})\sin\omega_{\mathrm{d}}(t-\tau)+\frac{2\xi}{\sqrt{1-\xi^{2}}}\cos\omega_{\mathrm{d}}(t-\tau)\right]\mathrm{d}\tau \tag{1.6}$$

式中，ω_{d} 为单自由度体系的阻尼自振圆频率，$\omega_{\mathrm{d}}=\omega_{\mathrm{n}}\sqrt{1-\xi^{2}}$。地震动反应谱可定义为

$$S_{\mathrm{d}}(T_{\mathrm{n}},\xi)=\frac{1}{\omega_{\mathrm{d}}}\left|\int_{0}^{t}\ddot{u}_{\mathrm{g}}(\tau)\mathrm{e}^{-\xi\omega_{\mathrm{n}}(t-\tau)}\sin\omega_{\mathrm{d}}(t-\tau)\mathrm{d}\tau\right|_{\max} \tag{1.7}$$

$$S_{\mathrm{v}}(T_{\mathrm{n}},\xi)=\left|\int_{0}^{t}\ddot{u}_{\mathrm{g}}(t)\mathrm{e}^{-\xi\omega_{\mathrm{n}}(t-\tau)}\left[\cos\omega_{\mathrm{d}}(t-\tau)-\frac{\xi}{\sqrt{1-\xi^{2}}}\sin\omega_{\mathrm{d}}(t-\tau)\right]\mathrm{d}\tau\right|_{\max} \tag{1.8}$$

$$S_{\mathrm{a}}(T_{\mathrm{n}},\xi)=\omega_{\mathrm{d}}\left|\int_{0}^{t}\ddot{u}_{\mathrm{g}}(t)\mathrm{e}^{-\xi\omega_{\mathrm{n}}(t-\tau)}\left[(1-\frac{\xi^{2}}{1-\xi^{2}})\sin\omega_{\mathrm{d}}(t-\tau)+\frac{2\xi}{\sqrt{1-\xi^{2}}}\cos\omega_{\mathrm{d}}(t-\tau)\right]\mathrm{d}\tau\right|_{\max} \tag{1.9}$$

其中，S_{d}、S_{v}、S_{a} 分别称为相对位移反应谱、相对速度反应谱和绝对加速度反应谱。需要指出的是，由于地震动记录是一组不规则的数据点，无法求解方程（1.3）的解析解，在实际应用中通常采用数值方法，如基于力的插值方法、中心差分法和 Newmark 法等计算反应谱。地震动加速度反应谱的计算过程示意图如图 1.2 所示。

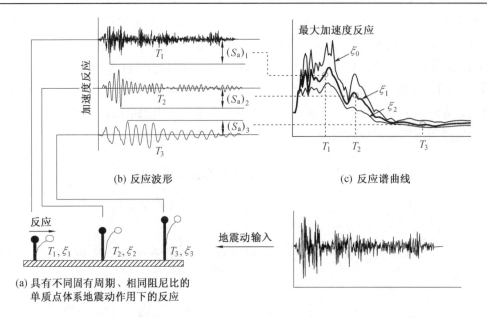

图 1.2　地震动加速度反应谱的计算过程示意图

1.2.2　伪速度、伪加速度和三联反应谱

图 1.1 所示的单自由度体系，其体系侧向力 $f_S = kx(t) = m\omega_n^2 x(t)$，因此体系所受力的大小并不由体系的绝对加速度反应确定。鉴于并不需要通过绝对加速度反应和相对速度反应确定体系的峰值位移或峰值作用力，在研究中通常采用式（1.10）通过位移反应谱计算伪加速度反应谱（简记为 PS_a）和伪速度反应谱（简记为 PS_v）。下面将简要介绍"伪"谱与"真实"谱之间的区别。

$$PS_a = \omega_n PS_v = \omega_n^2 S_d \tag{1.10}$$

1940 年美国加利福尼亚地震 El Centro 地震动 NS 分量伪速度谱与相对速度谱的对比图如图 1.3 所示。图 1.3（a）给出了伪速度谱 PS_v 与相对速度谱 S_v 的对比情况。从图中可以看出，对于长周期结构 PS_v 小于 S_v，且周期越长，差别越大。这是因为当周期很长时，虽然有地震动作用，但体系却几乎保持静止。这样体系的相对位移趋向于地面位移，体系的相对速度也趋向于地面速度。由于体系的周期很长，其对应的自振频率很小，由式（1.10）可知，伪速度将趋近于 0。为了考查不同阻尼比情况下，相对速度谱和伪速度谱的差别，图 1.3 给出了不同阻尼比时（分别为 0.02、0.05 和 0.1）相对速度谱与伪速度谱的比值。从图中可以看出，在长、短周期范围内，两者的差别随阻尼比的增加而增加；而在中周期范围内，不同阻尼比对应的相对速度和伪速度谱均差别不大。

下面讨论绝对加速度谱和伪加速度谱的差别。对于无阻尼体系，两者是相同的，这是因为当阻尼比为 0 时，式（1.3）可以简化为

$$\ddot{u} + \ddot{u}_g = -\omega_n^2 u \tag{1.11}$$

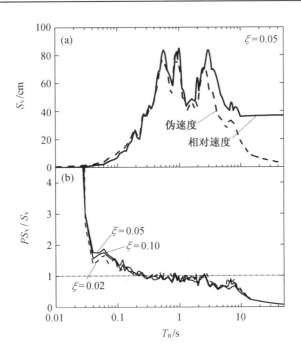

图 1.3　1940 年美国加利福尼亚地震 El Centro 地震动 NS 分量伪速度谱与相对速度谱的对比图

式（1.11）取最大值后，即为

$$S_a = \left| \ddot{u} + \ddot{u}_g \right|_{\max} = \left| -\omega_n^2 u \right|_{\max} = \left| \omega_n^2 u \right|_{\max} = PS_a \tag{1.12}$$

因此当阻尼比为 0 时，绝对加速度谱和伪加速度谱是相等的。而当阻尼不为 0 时，两者将有所差别，这也可以从物理概念上获得解释，因为体系的最大弹性恢复力为

$$k \left| u \right|_{\max} = k S_d = k \frac{PS_a}{\omega_n^2} = m PS_a \tag{1.13}$$

由式（1.13）可知，mS_a 是弹性恢复力与阻尼力峰值之和，而伪加速度只是给出了体系的弹性恢复力，因此伪加速度小于绝对加速度。图 1.4 所示为 1940 年美国加利福尼亚地震 El Centro 地震动 NS 分量伪加速度谱与绝对加速度谱的对比图。图中给出了阻尼比为 0.05 的绝对加速度谱和伪加速度谱，以及 3 个阻尼比时两者之间的比值。从图中可以看出，当阻尼比为 0.05 时，绝对加速度谱和伪加速度谱差别很小，几乎可以认为两者是相等的。对于不同的阻尼比，两者在短周期段相差很小；但对长周期和大阻尼体系，两者的差别不可忽略。需要指出的是，在地震动加速度反应谱的研究中很多学者仍采用绝对加速度反应谱作为分析对象，由于阻尼比大都取 0.02 或 0.05，其分析结果与采用伪加速度反应谱进行分析的结果相差不大，但理论上应该分析伪加速度反应谱的特性。在后文中若无特殊说明，本文所指的加速度反应谱均为伪加速度反应谱。

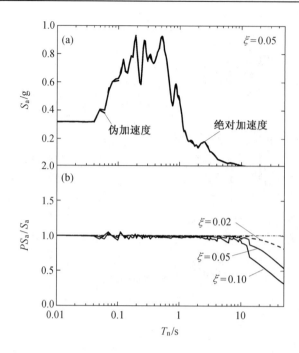

图 1.4　1940 年美国加利福尼亚地震 El Centro 地震动 NS 分量伪加速度谱与绝对加速度谱的对比图

由于伪加速度谱、伪速度谱和位移谱之间存在式（1.10）的关系，取它们的对数可以得到

$$\begin{cases} \lg PS_a = \lg PS_v + \lg \omega_n \\ \lg S_d = \lg PS_v - \lg \omega_n \end{cases} \tag{1.14}$$

这样可以把 3 种反应谱 PS_a、PS_v 和 S_d 的谱值画在同一坐标图上，在研究中通常称这种谱形式为三联谱。

图 1.5 所示为 El Centro 地震动的三联反应谱。图中横坐标为周期的对数值，纵坐标为伪速度谱的对数值，位移谱和伪加速度谱的坐标分别为与周期坐标轴倾斜+45°（顺时针转 45°）和-45°（逆时针转 45°）的坐标轴，这 2 个坐标轴也为对数坐标轴。由上述分析知，位移反应谱、伪速度谱和伪加速度谱包含相同的信息，只要知道一个谱，其余的谱就可以通过解析关系式获得。画出三联谱的一个很重要原因是每种谱都直接与具有明确物理意义的设计值相关，如位移谱表示最大的位移，伪速度谱与体系中的应变能直接相关，而伪加速度与设计作用力相关。通过三联谱即可以直观方便地确定体系的三个物理量，从而方便进行工程结构的抗震设计。

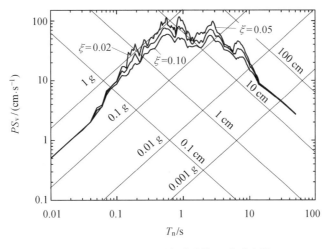

图 1.5　El Centro 地震动的三联反应谱

1.2.3　规准反应谱

图 1.6 所示为 El Centro 地震动的加速度反应谱。当单自由度体系为线性体系时，地震动峰值对反应谱的影响是线性的，即地震动反应谱值随地震动峰值的变化而同比例变化。因此，在地震动反应谱的研究中，研究者普遍认为地震动峰值仅对地震反应谱值的大小有影响，而对反应谱的形态无影响。为了讨论不同因素对加速度反应谱形态的影响规律，通常将加速度反应谱除以地震动的峰值地面加速度（Peak Ground Acceleration，PGA）（也称峰值加速度）得到规准加速度反应谱以消除地震动峰值地面的影响。通常也称之为标准反应谱或动力放大系数曲线（单自由度体系的最大加速度反应与地震动峰值加速度的比值）。

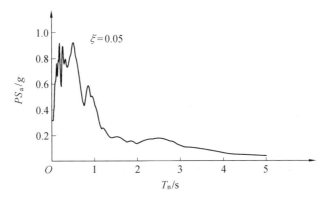

图 1.6　El Centro 地震动的加速度反应谱

图 1.7 所示为 El Centro 地震动的规准加速度反应谱。对于周期非常短的体系，规准加速度反应谱值接近于 1。因为周期非常短的体系接近于刚体，其在地震动作用下可视为做刚体运动，加速度反应近似等于地面运动的加速度。对于周期非常长的体系，加速度谱值趋于 0。因为周期非常长的体系非常"柔"，在地震动作用下该体系基本上会保持静

止。同理，速度反应谱可以采用地震动峰值地面速度（Peak Ground Velocity，PGV）（也称峰值速度）规准，位移反应谱可采用地震动峰值地面位移（Peak Ground Displacement，PGD）（也称峰值位移）规准。PGA、PGV 和 PGD 并不是唯一的一组用于规准反应谱的参数，一些学者还采用其他参数，如地震动有效峰值等。

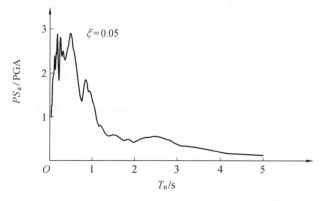

图 1.7　El Centro 地震动的规准加速度反应谱

图 1.8 所示为 El Centro 地震动规准化的三联反应谱，即位移反应谱、伪速度谱和伪加速度谱均用地震动的峰值位移 PGD、峰值速度 PGV 和峰值加速度 PGA 规准化。在图 1.8 中，对于周期非常短的体系，最大伪加速度反应接近于地面峰值加速度；对于周期非常长的体系，相对位移反应接近于地震动的峰值位移。

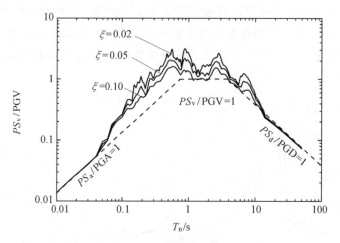

图 1.8　El Centro 地震动规准化的三联反应谱

1.2.4　双规准反应谱

双规准反应谱（Bi-normalized Response Spectrum）是在规准反应谱的基础上，再将横坐标无量纲化，即采用一个周期值去除反应谱的横坐标，如加速度反应谱峰值所对应的周期。对于双规准反应谱，其纵坐标的规准化是为了消除不同地震动强度对反应谱值的影响，横坐标的规准化则主要是消除不同频率成分对反应谱形状的影响。这种双规准反应谱的方法早在 20 世纪 50 至 60 年代已用于分析地震动反应谱的特性，如 Veletsos 和 Newmark[6]、Alavi 和 Krawinkler[7]及 Mavroeidis[8] 都曾采用这种方法分析脉冲型地震动反应谱的特性。Xu 和 Xie[9]首先在其研究中将这种方法命名为双规准反应谱。

为了说明地震动加速度反应谱、规准加速度反应谱和双规准加速度反应谱各自的特征，本章选取 3 次地震中的 4 条地震动，具体参数见表 1.1。表中场地分类参考美国 UBC 97 规范。图 1.9 给出了这 4 条具有不同地震动参数的地震动加速度时程。图 1.10（a）～（d）分别给出了 4 条地震动记录的规准傅立叶谱、加速度反应谱、规准加速度反应谱和双规准加速度反应谱。由图知，受地震动强度的影响，不同记录的加速度反应谱之间存在显著差异。在消除了加速度幅值的影响之后，规准反应谱表现出较好的规律性，但地震动谱形态之间仍存在显著差异。在对横坐标规准化后，不同地震动记录之间的双规准化反应谱形态非常相近，相对规准反应谱表现出更好的一致性。

表 1.1　4 条地震动主要参数

地震名称	台站	矩震级	距离/km	PGA/(cm·s^{-2})	场地	T_p/s
Loma Prieta（洛玛–普雷塔）	San Fran. Dia. H.	7.1	98.4	110.8	SC	0.39
Northridge（北岭）	Lake Hugsek 9#	6.7	43.7	221.2	SB	0.17
Chi-Chi（集集）	TAP020	7.6	149.9	58.9	SE	1.11
	TCU089		7.5	343.4	SC	0.34

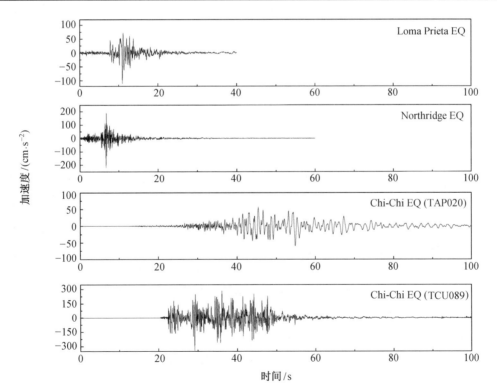

图 1.9　4 条地震动加速度时程

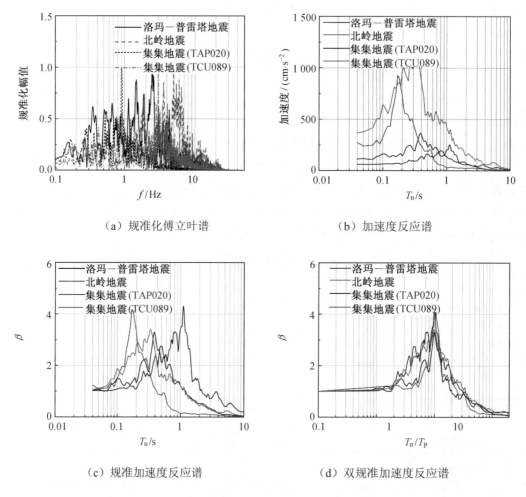

（a）规准化傅立叶谱　　　　　　　　（b）加速度反应谱

（c）规准加速度反应谱　　　　　　　（d）双规准加速度反应谱

图 1.10　傅立叶谱、反应谱、规准谱和双规准谱的对比（$\xi = 0.05$）（彩图见附录）

1.2.5　非弹性反应谱

上面所述反应谱均为弹性反应谱。目前，国内外学者已逐渐重视对非弹性反应谱的研究。鉴于此，本节也简要介绍非弹性反应谱的相关概念。非弹性谱与弹性谱的区别在于进行时程分析时，体系的力-位移关系曲线的不同。图 1.11 所示为理想弹塑性体系及其相应的弹性体系的力-位移本构关系图。由图知，弹塑性体系与其相应的弹性体系具有相同的初始刚度 k，理想弹塑性体系的屈服力为 f_y，对应的屈服位移为 u_y，体系的最大非弹性位移为 u_m。u_m 与 u_y 的比值能够反映体系的延性水平，定义为延性系数，记为 μ。若体系一直保持弹性（图中虚线段），体系的最大位移反应为 u_0，保持体系完全弹性所需要的最小侧向恢复力为 f_0。图 1.12 所示为理想弹塑性体系力-位移关系曲线，其两个方向的屈服力相同，当 $|f_s| < |f_y|$ 时，加载与卸载刚度为结构的初始刚度。

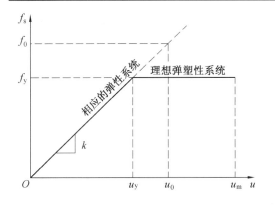

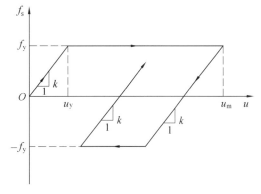

图 1.11　理想弹塑性体系及其相应的弹性体系 　　　图 1.12　理想弹塑性体系力-位移关系曲线
　　　　　的力-位移本构关系图

非弹性反应谱通常分为等延性反应谱和等强度反应谱。等延性反应谱是单自由度非弹性体系在达到目标延性状态下，体系在地震动作用下的最大反应量与体系周期的函数。在研究中主要关注的反应量为非弹性位移比、强度折减系数、加速度峰值反应、速度峰值反应和位移峰值反应。非弹性体系在地震动作用下的最大非弹性位移与其相应弹性体系在相同地震动作用下的最大弹性位移间的比值称为非弹性位移比[10]，即 $C = u_m/u_0$。强度折减系数定义为体系保持完全弹性时所需要的最小强度与体系的屈服强度之比[11]。对于图 1.12 所示体系，强度折减系数可由 f_0 与 f_y 的比值确定，即 $R = f_0/f_y$。在工程实践中，一般采用等延性谱进行新建结构的抗震设计，采用等强度谱评估已建结构的抗震性能。等强度谱是单自由度非弹性体系在强度折减系数 $(R = f_0/f_y)$ 恒定的状态下，体系的最大反应量与体系周期的函数。相对于等延性谱，等强度谱不需要迭代求解，计算较为简便。

1.3　影响地震动反应谱的主要因素

1952 年根据美国"联合侧力委员会"的推荐，1956 年美国加州的抗震规范首次采用了反应谱理论，1958 年苏联的地震区建筑抗震设计规范也采用了反应谱理论。1959 年 Housner[12]教授对 8 条实际地震记录反应谱进行统计平均，最早给出了依实际地震动得到的供工程设计使用的抗震设计反应谱。20 世纪 70 年代以后，随着强震观测技术和计算机技术的发展，反应谱理论逐渐得到了普遍的推广和应用。随着震害经验和强震记录资料的积累，研究人员逐渐发现反应谱的平均特征与许多因素有关，如场地条件、震级大小、震中距离、传播途径及震源机制等。在这些因素中，有证据表明场地条件、震级大小和震中距离对反应谱的影响更为重要。

1.3.1　场地条件

Hayashi[13]和 Kuribayashi[14]通过对日本地震中不同场地地震动记录的反应谱统计分析

指出，场地条件对反应谱谱形的影响是非常显著的。1971 年的圣费尔南多（San Fernando）地震提供了大量的可用记录，使得对包括场地条件等在内的地震动参数对地震动反应谱影响的研究成为可能。Seed[15]与 Mohraz[16]分别就场地条件对反应谱的影响进行了研究，得出了基本一致的结果，即场地条件明显影响反应谱的形状，软弱土场地上反应谱中长周期段的谱值有明显增大的倾向，如图 1.13 所示。

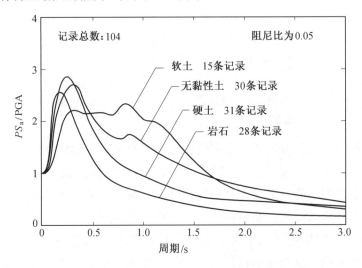

图 1.13　Seed 给出的不同场地的地震动平均规准反应谱

Newmark[17]通过对地震动记录的分析指出场地条件对振动周期大于 0.5 s 的地震动分量是有影响的。美国 1978 年规范应用了 Seed[15]等提出的 S1～S3 类场地的划分标准，但只考虑了场地条件对反应谱特征周期的影响。同时考虑震级、距离等地震动参数的影响，Crouse[18]提出了不同场地的伪速度反应谱的估计公式，也表明软土场地的反应谱值明显偏大。Boore[19]根据表层 30 m 土层的平均剪切波速将场地分类，研究表明在相同的距离、震级和断层机制情况下，场地越硬，谱加速度越小。然而，Mohraz[20]对 Loma Prieta 地震记录的分析得到了相反的结论，尽管这次的研究结果并未引起关注，但也说明由于地震动的复杂性，对反应谱受场地条件影响规律的认识还有许多不足。

1.3.2　震级因素

由于震级对既定场地的峰值加速度会产生影响，因此震级对反应谱值具有显著的影响，但在早期的研究中并未考虑震级对加速度反应谱形态的影响。随着地震动数据记录逐渐积累，不少学者逐渐认识到震级对加速度反应谱形态有一定的影响。Boore[19]与 Joyner[21]讨论了按场地分类之后震级对反应谱的影响。其研究表明，同一类场地上随震级的增大规准反应谱的谱值在中长周期段有明显的增大趋势。Crouse[18]给出的不同场地的伪速度反应谱值的估计公式也得出相同的结论。Mohraz[22]讨论了冲积层场地上不同震级地震动的放大系数谱，其研究表明，震级介于 6～7 级地震动的放大系数与震级介于 5～6 级地震动的放大系数相比明显偏大。

1.3.3　距离因素

毋庸置疑，距离是影响地震动反应谱值的重要因素。但研究同时表明，距离也是影响反应谱形态的重要因素之一。Mohraz[20]将 Loma Prieta 地震中大量的记录数据按震中距大小分组后研究表明，基岩场地上，在 0.5 s 以后的中低频段近场地震动规准谱的谱值小于中远场地震动规准谱的谱值，而在反应谱的高频段近场地震动规准谱的放大效应明显，但震中距离对软弱土场地上反应谱的影响较小。

1.3.4　方向性效应和上下盘效应

近年来大地震的发生及其造成的近场震区的严重破坏引起人们对近场地震动的极大关注。近场地震动的主要特征是断层破裂的方向性效应和逆冲断层地震中的上、下盘效应。普遍认为断层机制、深度和断层活动频度是影响近场地震动的重要因素[23-25]。上、下盘效应多见于逆冲断层地震，它主要是由于断层上盘的场地更靠近断裂面引起的。上盘效应主要表现为上盘地震动的幅值大于下盘地震动[26]。对集集地震近场地震动的研究表明，位于断层上盘的地震动幅值明显高于下盘地震动[27-29]。Shabestari[30]研究认为上盘地震动峰值约是近场地震动峰值平均水平的 1.5 倍，Campbell[31]研究认为逆冲断层地震动的峰值加速度和速度是走滑断层的 1.4～1.6 倍，Joyner[32]的研究认为应该是 1.25 倍。考虑断层机制的衰减关系研究[33]表明，逆冲断层地震动的加速度大于正断层与普通断层地震动。破裂的方向性效应是由断层破裂方向的传播和剪切位错辐射模式引起的。当破裂的朝向与断层的滑动方向一致时，在断层破裂朝向的前端产生向前的方向性效应，在相反的方向产生向后的方向性效应[34]，位于方向性效应前端较方向性效应后端的工程结构将遭受更为剧烈的破坏作用[35-36]。受方向性效应的影响，不同分量地震动（垂直、平行断层方向）之间也存在一定的关系[37-38]。但 Joyner[32]研究指出，由于很难确定断层的走向与场地-震源位置矢量之间的方位角，因而在估计未来地震动中考虑方向性效应的实用方法是较难确定的。总之，受震源机制、断层距及场地条件的影响，近场地震动的特征显得十分复杂。

1.4　抗震设计谱与反应谱之间的关系

在目前的研究中，设计谱的确定一般以大量的地震动记录为数据基础，取相同或相近的条件（例如相近的场地条件）下的多条记录，计算给定阻尼比时的加速度反应谱，并除以地震动记录的峰值加速度，进行统计分析，取综合平均并结合经验判断（得到平滑化的规准反应谱），将规准反应谱乘以相应的地震系数，即为规范通常采用的地震影响系数曲线，也就是传统意义上所说的抗震设计反应谱[39]。

设计谱的建立一般要经过 4 个过程，这 4 个过程可以简单地归结为：规准化、平均化、平滑化和经验化。规准化是指将地震动记录的绝对反应谱简单处理为规准反应谱的过程；平均化是设计谱建立过程中的主要工作，需要在地震动记录的选取与分类基础上进行，地震动记录的数量，其选取是否具有代表性，记录分类指标和分类方法的选择，分类程度的粗细等都会对平均结果产生较大的影响，也是不同研究结果之间存在差异的最主要原因；平滑化指按照一定的表达形式将平均结果简单处理为光滑线条或简单形状的过程；经验化则是根据专家的经验考虑最终确定设计谱的过程，一般需要结合经济状况、安全度及数据的离散情况而定。

最早根据地震动记录计算得到的可供工程设计使用的抗震设计谱由 Housner[12]提出。当时他使用了 4 次地震（1934 年 El Centro，1940 年 Olympia，1949 年 Washington，1952 年 Taft）中的 8 条地震动水平分量记录，用 0.2 g 分别对 8 条反应谱进行规准化再平均得来，但设计谱是用曲线形式表示的。图 1.14 所示为 Biot 标准谱与 Housner 设计谱的比较。

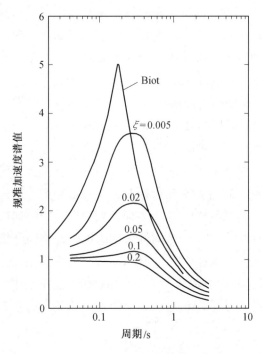

图 1.14　Biot 标准谱与 Housner 设计谱的比较

第2章 典型的抗震设计谱标定方法

2.1 引　言

如第 1 章所述，地震动反应谱仅能反映一条地震动记录的幅值和频谱特性。在建筑结构的抗震设计中需要使结构在未来地震作用下达到预期的安全水平，鉴于此，在实际的建筑结构抗震设计中，并不是采用一条实际地震动的反应谱作为设计谱，而是采用多条地震动反应谱的统计值作为设计谱。为便于应用，常采用一些数学方法将这一组统计值进行平滑化等处理，并使其与震级、场地和距离等因素相关。虽然标定设计谱的总体思路基本一致，但不同学者对反应谱的处理却存在明显的差异。因此，目前世界各国所采用的设计谱标定方法并不统一。为加深对设计谱的理解，本章介绍了几种典型的抗震设计谱标定方法。此外，在对比这几种抗震设计谱标定方法时，本章使用了一组相同的地震动数据，然后采用不同的谱标定方法基于这一组地震动数据标定设计谱，以期能够客观地展示各设计谱标定方法的异同。

2.2　典型的设计谱确定方法

如第 1 章所述，在设计谱的标定过程中一般需要对反应谱进行规准化处理，即采用一个参数去除反应谱的纵坐标或横坐标的值。本章依据对反应谱规准化方式的不同将设计谱标定方法分为以下 3 种：

（1）Newmark[40]等人在 1973 年给出的方法。这种方法分别采用 PGA、PGV 和 PGD 对反应谱的短周期、中周期和长周期段进行规准化。

（2）我国核电厂设计谱的确定方法。这种方法采用 PGA 对地震动加速度时程进行规准化。

（3）Malhotra[41]在 2006 年给出的方法。这种方法除了对反应谱进行纵坐标的规准化外，还对反应谱的横坐标进行规准化。

2.2.1　地震动数据

地震动记录是进行设计谱标定的重要数据资料，为客观体现各设计谱标定方法的异同，本章所进行的对比均采用相同的一组地震动数据。本章所采用的数据是选自 11 次大地震自由场地上的 110 个台站的地震动记录，每一台站包含 2 条水平分量和 1 条竖向分量，所选记录的地震信息见表 2.1。所有记录均为数字记录，其中汶川地震记录选自国家强震动台网中心，其余记录选自美国强震动数据库 USGS 和 PEER。所有记录均进行了基线调整和滤波处理，滤波带宽范围不小于 0.05～25 Hz。在选择地震动数据时主要考虑了以下几个方面因素。

表 2.1　所选记录的地震信息

编号	地震名称	发震日期	震中位置		震级
			经度	纬度	
1	美国帕克菲尔德地震	2004-09-28	120.37 W	35.82 N	6.0 M_L
2	新西兰克莱斯特彻奇地震	2011-02-11	172.71 E	43.60 S	6.3 Mw
3	日本易威奇地震	2011-07-31	141.30 E	36.90 N	6.4 Mw
4	日本福岛地震	2011-04-11	140.48 E	37.01 N	6.6 Mw
5	美国夏威夷地震	2006-10-15	156.03 W	19.82 N	6.7 M_L
6	新西兰克赖斯特彻奇地震	2010-09-30	172.12 E	43.53 S	7.0 Mw
7	日本宫城地震	2011-04-07	142.64 E	38.25 N	7.1 Mw
8	美国加利西哥地震	2010-04-04	115.29 W	32.26 N	7.2 Mw
9	中国台湾集集地震	1999-09-21	120.78 E	23.87 N	7.6 M_L
10	中国汶川地震	2008-05-12	103.40 E	31.00 N	8.0 M_L
11	日本大地震	2011-03-11	142.37 E	38.32 N	9.0 Mw

（1）为了尽可能减少单次地震动样本对统计结果引起的偏差，从每次地震中选取 10 个台站的地震动记录。

（2）在选取地震动记录时，考虑了地震动峰值因素，所选记录的峰值加速度介于 0.05 g～1 g 之间。

（3）在选取地震动记录时，考虑了震级的影响，所选记录的震级全部大于 6 级，其中 6～7 级的地震 5 次，7～8 级的地震 5 次，9 级的地震 1 次。

（4）为了减小远场、近场效应可能对统计结果的明显影响，所选记录的震中距全部小于 300 km，并且震级大于 7 级的记录震中距不小于 40 km。

在所选记录中，30 个台站位于土层场地，4 个台站为岩石场地，其余台站场地信息不明确，各台站的震级与距离分布如图 2.1 所示。由图 2.1 可知，震级较小的地震其近场的记录相对较多，较大震级地震的远场记录较多。这一现象是目前强震记录存在的普遍问题。地震动峰值加速度 PGA 沿震级和震中距的分布如图 2.2 所示。由图 2.2 可知，PGA 主要分布在 0.05 g～0.6 g。地震动的 PGA、PGV 和 PGD 随震级的分布情况如图 2.3 所示。

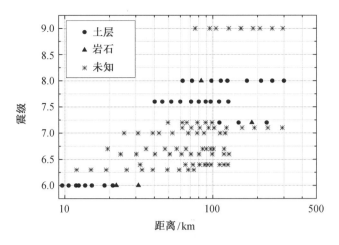

图 2.1　各台站的震级与距离分布

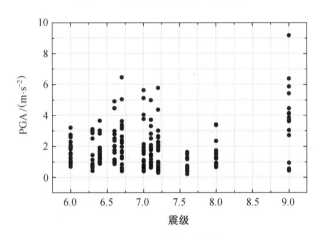

（a）PGA 随震级的分布

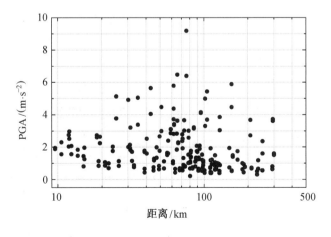

（b）PGA 随距离的分布

图 2.2　地震动峰值加速度 PGA 沿震级和震中距的分布

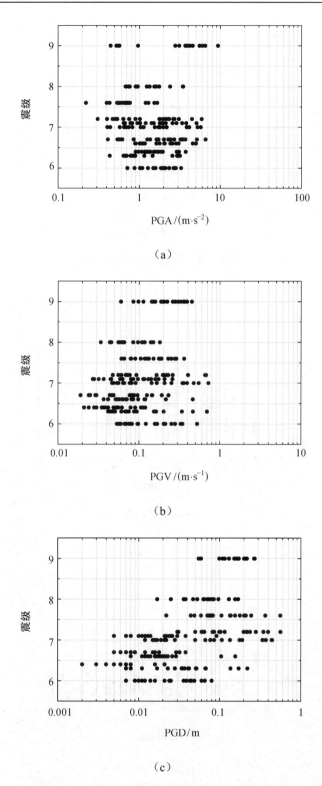

（a）

（b）

（c）

图 2.3　地震动 PGA、PGV 和 PGD 随震级的分布情况

2.2.2　Newmark 方法

Newmark 指出地震动反应谱在不同的频段范围内具有不同的特性，在高频段与 PGA 相关性强，在中频段与 PGV 相关，在低频段与 PGD 相关。基于反应谱的这种特性，Newmark[40]等在 1973 年给出了一种三联设计谱的标定方法，本节简称为 Newmark 方法。Newmark 设计谱的确定如图 2.4 所示。

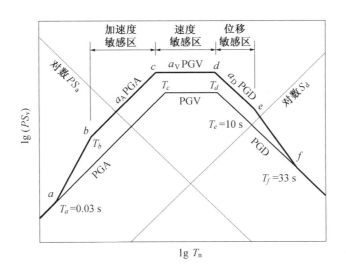

图 2.4　Newmark 设计谱的确定

本书第 1 章已详细介绍了三联反应谱的绘制过程，对于三联反应谱的绘制本章不再做过多的阐述。Newmark 方法的主要思路如下：

（1）首先计算地震动的 PGA、PGV 和 PGD，然后求出 PGV/PGA、PGA·PGD/PGV^2 的平均值，基于所求平均值给出设计地震动峰值加速度 PGA $= 1\,g$ 时对应的设计地震动峰值速度 PGV 和设计地震动峰值位移 PGD。

（2）分别用 PGA、PGV 和 PGD 对反应谱的高频、中频及低频段进行规准化得到各频率段的放大系数谱 α_A、α_V 和 α_D，并求出其均值。认为放大系数在某些频率段内近似为常数，并以该段内放大系数的均值作为设计用放大系数。另外，认为放大系数服从正态分布，依据放大系数的均值和标准差得到具有不同概率的设计用放大系数 α_A、α_V 和 α_D。

（3）在四对数坐标系中给出设计谱，位移常数段为 $T_d \sim T_e$，谱值由 α_D 乘 PGD 得到；速度常数段为 $T_c \sim T_d$，谱值由 α_V 乘 PGV 得到；加速度常数段为 $T_b \sim T_c$，谱值由 α_A 乘 PGA 得到。

本章基于所选择的 110 个台站的 220 条水平地震动分量，采用 Newmark 方法计算并统计得到了相应的设计谱。各频率段的设计地震动参数及放大系数见表 2.2，具有不同概率（50%和84.1%）的基于 Newmark 方法的设计谱如图 2.5 所示。

表 2.2　各频率段的设计地震动参数及放大系数

区段	0.2～0.4 s	0.4～2.0 s	2.0～6.0 s
设计地震动参数	9.8 m/s²	0.97 m/s	0.62 m
放大系数（50%）	2.22	1.47	1.69
放大系数（84.1%）	3.12	2.22	2.62

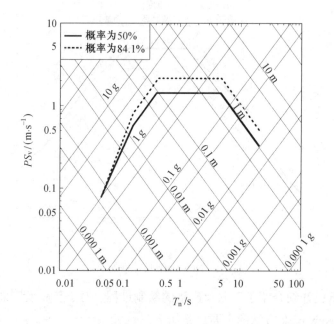

图 2.5　具有不同概率（50%和 84.1%）的基于 Newmark 方法的设计谱

2.2.3　G-W 方法

我国《核电厂抗震设计规范》（GB 50267—2019）设计谱的规定主要参考了郭玉学和王治山在 1993 年的研究成果[42]。这项研究主要是基于我国华北、西南和西北地区的强震记录，同时引入了美国西部地区的强震记录以补充大震级地震动数据。本节简称这一方法为 G-W 方法。G-W 方法标定设计谱的主要思路如下：

（1）首先将地震动的 PGA 调至 1.0 g，在对数坐标系中计算 0.05 阻尼比的伪速度反应谱的均值及均值+1 倍标准差。

（2）按谱值随周期的变化情况，设计谱由 5 个控制点 a、b、c、d、e 确定，可参考图 2.4。a 点取周期为 0.03 s，加速度为 1.0 g；b 点取 0.04 s 处的统计平均值；c、d 和 e 的谱值均通过对伪速度谱的均值±1 倍标准差拟合得到，拟合公式为

$$\lg PS_v = \alpha \lg T_n + \beta \tag{2.1}$$

式中，α、β为回归系数。$c{\sim}d$ 段为加速度控制段，$d{\sim}e$ 段为速度控制段，e 点至 10 s 处为位移控制段，c 点谱值取加速度控制段左端 c 点周期对应的回归值，d 点谱值取该点周期对应的两侧回归值的平均值，e 点谱值取位移控制段 $T_n = 4.0$ s 处所对应的回归值，e 点以后部分取直线，且平行于位移坐标。

基于本章所选的 220 条水平分量，依据 G-W 方法计算可得到相应的设计谱，设计谱各控制点谱值见表 2.3。PGA = 1.0 g 的伪速度谱均值及均值+1 倍标准差谱如图 2.6 所示。规范设计谱与 G-W 方法设计谱的比较如图 2.7 所示。

表 2.3 设计谱各控制点谱值

设计谱	控制点	T_a	T_b	T_c	T_d	T_e
97 规范谱	控制周期/s	0.03	0.04	0.07	0.30	4
	加速度谱值/g	1.0	1.26	2.96	4.05	0.54
G-W 方法	控制周期/s	0.03	0.04	0.10	0.40	4
	加速度谱值/g	1.0	1.26	3.73	3.42	0.53

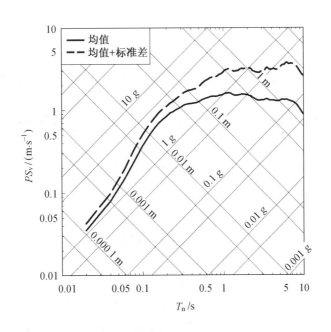

图 2.6 PGA = 1.0 g 的伪速度谱均值及均值+1 倍标准差谱

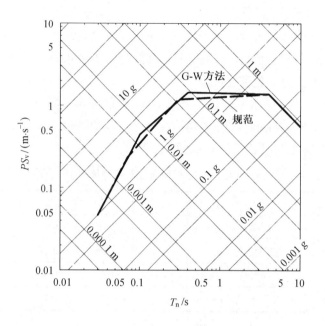

图 2.7   规范设计谱与 G-W 方法设计谱的比较

2. 2. 4   Malhotra 方法

当采用 Newmark 方法建立设计谱时，需要在不同的频率段分别计算 3 个放大系数 α_A、α_V、α_D。然而控制周期点两侧分别采用了不同的放大系数，不利于表达反应谱在控制点处的变化。为此，Malhotra[41]提出了针对三联谱横坐标规准化的做法，对 Newmark 方法进行了改进。

以一条地震动为例，Malhotra 方法引入了中心周期 T_{cg}，以界定地震动的高频和低频段。T_{cg} 用于对横坐标进行规准化，即

$$T_{cg} = 2\pi\sqrt{\frac{\mathrm{PGD}}{\mathrm{PGA}}} \tag{2.2}$$

其次是用 $\sqrt{\mathrm{PGA}\cdot\mathrm{PGD}}$ 对 PS_v、PGV 进行规准化处理，即

$$\overline{PS_v} = \frac{PS_v}{\sqrt{\mathrm{PGA}\cdot\mathrm{PGD}}} \tag{2.3}$$

$$\overline{\mathrm{PGV}} = \frac{\mathrm{PGV}}{\sqrt{\mathrm{PGA}\cdot\mathrm{PGD}}} \tag{2.4}$$

其设计谱以 $T_n/T_{cg}(\overline{T_n})$ 为横坐标、$\overline{PG_v}$ 为纵坐标在四对数坐标系中表示出来，如图 2.8 所示。

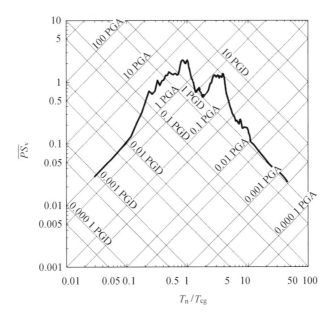

图 2.8　Malhotra 方法三联反应谱

其设计谱可以采用统一放大系数的表达形式，因为

$$\frac{PS_v}{PGV} = \frac{\overline{PS_v}}{\overline{PGV}} \tag{2.5}$$

$$\frac{PS_a}{PGA} = 2\pi \frac{PS_v}{T_n \cdot PGA} = \frac{PS_v}{\sqrt{PGA \cdot PGD}} \cdot \frac{2\pi}{\overline{T_n \omega_n}} = \frac{\overline{PS_v}}{\overline{T_n}} \tag{2.6}$$

$$\frac{S_d}{PGD} = \frac{T_n \cdot PS_v}{2\pi \cdot PGD} = \frac{PS_v}{\sqrt{PGA \cdot PGD}} \cdot \frac{T_n \overline{\omega_n}}{2\pi} = \overline{PS_v} \cdot \overline{T_n} \tag{2.7}$$

$$T_c = \frac{PS_v}{PS_a} = 2\pi \frac{\alpha_V \cdot PGV}{\alpha_A \cdot PGA} \tag{2.8}$$

$$T_d = \frac{S_d}{PS_v} = 2\pi \frac{\alpha_D \cdot PGD}{\alpha_V \cdot PGV} \tag{2.9}$$

$$T_a = \begin{cases} \dfrac{T_c}{14} & \text{水平向} \\[2mm] \dfrac{T_c}{10} & \text{竖向} \end{cases} \tag{2.10}$$

$$T_b = \begin{cases} \dfrac{T_c}{2.5} & \text{水平向} \\ \dfrac{T_c}{2.7} & \text{竖向} \end{cases} \quad （2.11）$$

$$T_e = \begin{cases} 2.7T_d & \text{水平向} \\ 1.5T_d & \text{竖向} \end{cases} \quad （2.12）$$

$$T_f = \begin{cases} 10T_d & \text{水平向} \\ 5T_d & \text{竖向} \end{cases} \quad （2.13）$$

本章采用 Malhotra 方法计算每一条地震记录的三联谱，对其进行分段，然后采用最小二乘法拟合可以得到相应的放大系数 α_A、α_V、α_D，再依据式（2.8）～（2.13）求出标准设计谱的控制周期。由各控制周期可确定设计谱各周期段的取值：$T_b \sim T_c$ 为加速度常数段，$PS_a = \alpha_A PGA$；$T_c \sim T_d$ 为速度控制段，$PS_v = \alpha_V PGV$；$T_d \sim T_e$ 为位移控制段，$S_d = \alpha_D PGD$；T_a 点的谱值取 $PS_a = PGA$，用直线连接 $T_a \sim T_b$ 即可得到该区间内的谱值；T_f 点的谱值取 $S_d = PGD$，用直线连接 $T_e \sim T_f$ 可得到相应区间的谱值。图 2.9 所示为采用 Malhotra 方法计算得到的反应谱与按该方法确定的设计谱。采用 Malhotra 方法所标定设计谱的各控制点周期的取值见表 2.4，主要区段的设计地震动参数及放大系数取值见表 2.5。

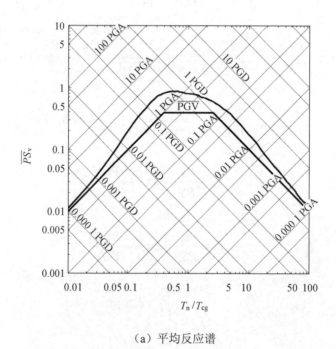

（a）平均反应谱

图 2.9　采用 Malhotra 方法计算得到的反应谱与按该方法确定的设计谱

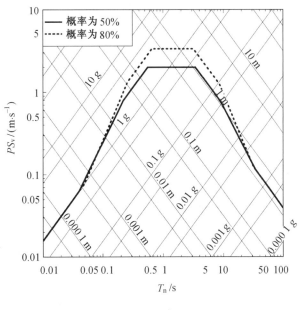

（b）设计反应谱

续图 2.9

表 2.4　采用 Malhotra 方法所标定设计谱的各控制点周期的取值

控制点	T_a	T_b	T_c	T_d	T_e	T_f
均值	0.04 s	0.22 s	0.56 s	3.42 s	9.22 s	34.20 s
均值+方差	0.06 s	0.26 s	0.65 s	3.18 s	8.58 s	31.78 s

表 2.5　主要区段的设计地震动参数及放大系数取值

频率区段	$T_b \sim T_c$	$T_c \sim T_d$	$T_d \sim T_e$
设计地震动参数	9.8 m/s^2	0.97 m/s	0.62 m
放大系数（50%）	2.30	2.07	1.75
放大系数（84.1%）	3.28	3.46	2.72

2.3　设计谱方法的比较

图 2.10 所示为上述 3 种方法所标定的设计谱之间的对比。由图知，虽然地震动数据相同，但由于统计过程和标定方法的不同，所得到的设计谱之间存在显著差别。在短周期段，Newmark 谱和 Malhotra 谱的结果比较接近，G-W 谱的结果则与两者有较大差别；在长周期段，Newmark 谱和 Malhotra 谱的拟合结果比较接近，但 G-W 方法对均值的拟合结果偏小，对均值+标准差的拟合结果则相对偏大；在中周期段，3 种方法得到的结果差

别也较明显，Malhotra 谱相对较高，G-W 谱对应均值和均值+标准差谱的统计结果变化趋势也发生了改变。

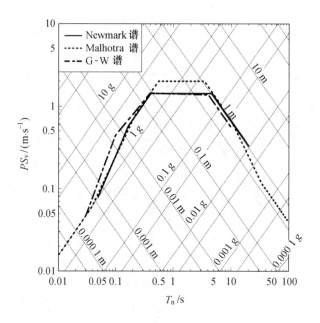

（a）均值谱对比

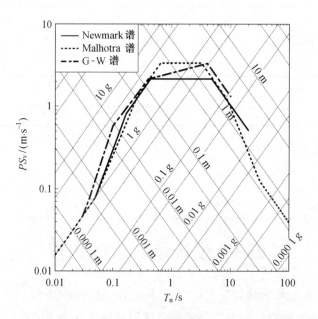

（b）均值+标准差谱对比

图 2.10　3 种方法所标定的设计谱之间的对比

2.3.1　变异系数对比

如上文所述，G-W 方法采用 PGA 规准伪速度反应谱；Newmark 方法分别采用 PGA 规准伪加速度谱、PGV 规准伪速度谱和 PGD 规准位移谱；Malhotra 方法采用 $\overline{PGV}$ 对伪速度谱 PS_V 规准化，采用 T_{cg} 对横坐标规准。不同方法所得计算结果的统计特性是衡量标定方法可靠性的重要依据。鉴于此，图 2.11 所示为不同规准化反应谱的变异系数（方差与均值的比值）曲线。

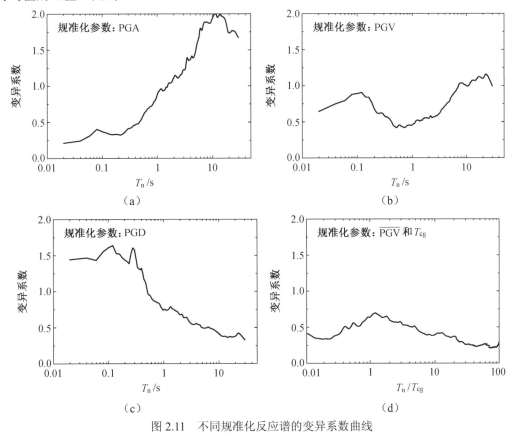

图 2.11　不同规准化反应谱的变异系数曲线

由图 2.11 知，选用不同的规准化参数处理得到的规准化反应谱变异系数差别很大。以 PGA 作为规准化参数得到的规准化反应谱只在短周期段的变异系数较小，在其他周期段的变异系数较大；以 PGD 作为规准化参数得到的规准化反应谱只在长周期段的变异系数较小，在其他周期段的变异系数较大；以 PGV 作为规准化参数得到的规准化反应谱只在中频段的变异系数较小，在其他周期段的变异系数较大；而同时以 $\overline{PGV}$ 和 T_{cg} 进行规准化得到的规准谱在整个周期段的变异系数差别不大，且变异系数较小。

2.3.2　G-W 方法和 Newmark 方法对比

在短周期段 G-W 方法和 Newmark 方法均采用 PGA 作为规准化参数。经分析，造成这两种方法在短周期段拟合结果存在差异的原因主要有以下 4 点：

（1）分段拟合时所选用的控制点周期不同，在加速度段 G-W 方法的拟合区间是 0.07～0.30 s，而 Newmark 方法的拟合区间是 0.16～0.5 s。

（2）虽然两种方法都采用直线段对短周期段进行拟合，但 G-W 方法不控制直线段的斜率，Newmark 方法则要求直线的斜率为 1。

（3）G-W 方法中 T_d 点的谱值为 T_c～T_d 段拟合结果求得的谱值与 T_d～T_e 段拟合结果求得的谱值的平均值（表 2.6），因此受到短周期拟合结果和中长周期拟合结果的双重影响。但是在中频段 G-W 方法和 Newmark 方法拟合的依据不同，G-W 方法的规准化参数是 PGA，而 Newmark 方法的规准化参数为 PGV。

表 2.6　G-W 方法中 T_d 点的谱值

拟合区段	T_d 点谱值（0.4 s）	T_d 点谱值（0.3 s）
T_c～T_d	3.11 g	3.67 g
T_d～T_e	3.72 g	4.43 g
平均值	3.42 g	4.05 g

（4）两种方法指定的加速度等于 PGA 的最大周期不同，G-W 方法为 0.03 s，Newmark 方法则为 0.05 s；并且 G-W 方法指定 0.04 s 的取值为规准化伪速度谱均值在 0.04 s 处的对应值，这对短周期段设计谱的取值影响较大。

图 2.12 所示为短周期段 G-W 方法和 Newmark 方法的比较。由图 2.12 知，Newmark 方法得到的设计谱与伪速度谱的均值+标准差吻合较好，G-W 谱则有一定的偏离。在中周期段和长周期段，G-W 方法的规准化参数仍然是 PGA，而 Newmark 方法则分别选用了 PGV 和 PGD，从变异系数角度看后者的稳定性更好。

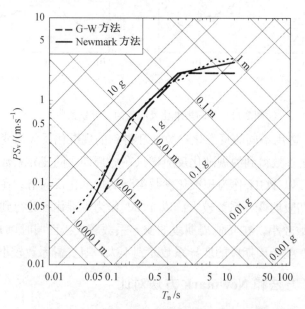

图 2.12　短周期段 G-W 方法和 Newmark 方法的比较

为了能更好地比较规准化参数对结果的影响，图 2.13 给出了分别用 PGA、PGV 和 PGD 作为规准化参数对伪速度谱的均值及均值+标准差的比较。由于 3 个规准化参数不是同一量级的，直接用伪速度谱除以 3 个参数得到的放大系数不具有可比性。图中所示 PGA = 1 g、PGV = 0.97 m/s 和 PGD = 0.62 m 为本书 220 条强震记录水平分量统计得到的设计地震动参数。由图 2.13 知，无论是规准谱的均值还是均值+标准差，3 种规准化方法得到的结果存在明显差别。

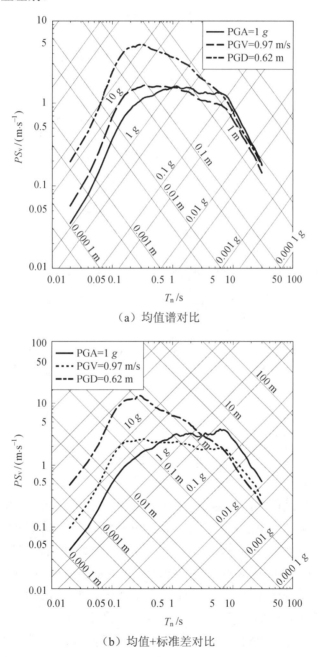

（a）均值谱对比

（b）均值+标准差对比

图 2.13　不同规准化参数对应的反应谱比较

2.3.3 Newmark 方法和 Malhotra 方法对比

Newmark 方法与 Malhotra 方法都是通过放大系数 α_A、α_V、α_D 乘相应的设计地震动参数 PGA、PGV 和 PGD 得到设计谱相应区段的谱值。由于 Malhotra 方法对横坐标做了规准化处理，因此两种方法得到的放大系数存在一定差异。从拟合的结果来看，两种方法求得的 α_A 和 α_D 均比较接近，但按 Malhotra 方法求得的 α_V 值明显较大。

Malhotra 方法最大的特点是用 T_{cg} 将反应谱分为相对的高频和低频两个区段，再依据相对周期（T_n/T_{cg}）进行统计。图 2.14 所示为两条地震动的反应谱与基于 Malhotra 方法计算得到的反应谱，可以发现采用 Malhotra 方法计算得到的两条地震动的反应谱表现出更好的一致性。

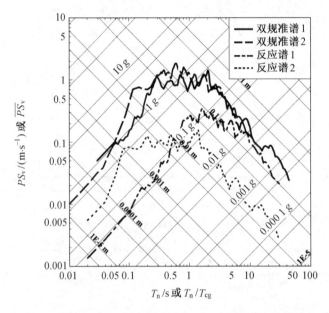

图 2.14   两条地震动的反应谱与基于 Malhotra 方法计算得到的反应谱

2.4   本章小结

在设计谱的标定过程中，为更好地获取控制设计谱形态的周期参数值，通常采用一个或多个参数对反应谱的纵坐标或横坐标进行规准化处理，即通常讲的规准反应谱或双规准反应谱。本章介绍的 Newmark 方法和 G-W 方法均采用规准反应谱标定设计谱，Malhotra 方法采用双规准反应谱标定设计谱。由本章的分析知，尽管采用了相同的数据，但不同方法所得到的设计谱之间仍存在显著差异，但采用双规准反应谱方法标定的设计谱，其变异系数在全周期段均较小。这是双规准反应谱相对于规准反应谱的一大优越性，在后面的分析中本书将采用更丰富的地震动数据对比分析地震动的规准反应谱和双规准反应谱。

第3章 抗震设计谱的发展与存在的问题

3.1 引 言

目前，世界各国的规范仍采用反应谱方法计算建筑结构所可能遭受的地震作用。抗震设计谱通常指写入具体规范或标准中的用于指导建筑结构抗震设计的谱形式，其是工程结构抗震设计的重要依据，也是地震工程领域的重点研究课题之一。第 2 章介绍了几种典型的抗震设计谱标定方法，但这些方法并未全部应用于世界各国的抗震设计规范中。此外，目前世界各国的抗震设计谱形式并不统一，谱形式和谱参数千差万别。鉴于此，本章对比了 38 个国家和地区的抗震设计谱，并系统介绍了我国抗震设计谱的发展历程与演变，以更清楚认识目前世界各国规范中抗震设计谱的主要形式，以及目前设计谱标定方法所存在的主要问题。

3.2 抗震设计谱的表示形式

随着地震动数据的逐渐丰富和反应谱理论的逐渐完善，设计谱的表达形式也不断改进。如第 1 章所述 Housner 于 1959 年采用地震动的平均反应谱作为设计谱[12, 43]。20 世纪 60 年代末期，Newmark 建议在四对数坐标系下采用直线段描述设计谱，设计谱可采用规准谱分别乘相应的地震动峰值参数，以分段直线函数进行表示[17, 44]，并建议采用具有 84.1%概率的三联设计谱作为原子能核电站的抗震设计依据。

不同于 Housner 设计谱和三联设计谱，目前大部分国家或地区抗震规范中的设计谱均采用自然坐标下的谱形式。图 3.1 所示为一些国家和地区的设计谱形式，这些设计谱主要表现出如下特征：

（1）加速度控制段一般由上升斜直线段和平台段组成，如图 3.1（a）所示；也有完全用平台段表达的，如图 3.1（f）所示。

（2）设计谱的速度控制段主要由指数衰减曲线表达，也有用斜直线下降段表示的，如图 3.1（h）所示。

（3）对于位移控制段的表达主要有指数衰减曲线、平台段和斜直线下降段几种形式，分别如图 3.1（c）、图 3.1（e）和图 3.1（a）所示。

　　值得注意的是图 3.1（d）和图 3.1（g）的表达，由于墨西哥城位于冲积层盆地上，考虑到场地土的特殊性，其规准谱的谱值与特征周期都明显大于其他规准谱；此外，日本规范设计谱的形式不同于其他设计谱，从加速度向速度段的过渡部分采取了曲线的形式。

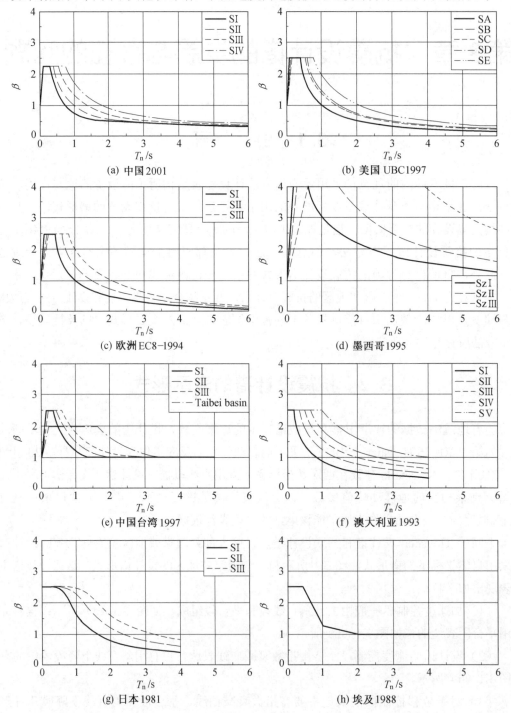

图 3.1　一些国家和地区的设计谱形式

工程实用的设计谱有规准谱和绝对谱两种表示形式，用规准谱表示的设计谱由规准谱谱值乘地震影响系数最大值或峰值加速度得到；用绝对谱表示的设计谱可直接应用于工程设计中。我国和世界上许多国家和地区的抗震设计规范中给出的设计反应谱的形式大致可用图 3.2 表示，其表达式为

$$S_a(T_n) = \begin{cases} a_m + a_m(\beta_{max} - 1.0)(T_n / T_0), & 0 < T_n \leqslant T_0 \\ a_m\beta_{max}, & T_0 < T_n \leqslant T_g \\ a_m\beta_{max}(T_g / T_n)^\gamma, & T_g < T_n \leqslant T_m \end{cases} \tag{3.1}$$

式中，a_m、β_{max}、T_0、T_g 和 γ 分别表示设计地震动的峰值加速度、规准反应谱的平台高度、第一拐点周期、第二拐点周期和下降段下降速度。

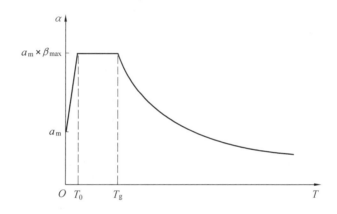

图 3.2　设计谱示意图

其中第二拐点周期 T_g 通常称为特征周期，被认为是确定设计谱形态的关键参数。T_g 的计算通常与有效峰值加速度 EPA 和有效峰值速度 EPV 相关。根据 1978 年美国 ATC 3-06 抗震设计样板规范的定义，EPA 指 0.05 阻尼比加速度反应谱高频段（0.1～0.5 s）的平均谱值除以 2.5，EPV 为相应速度反应谱在 0.5～2.0 s 段的平均谱值乘 2.5。

我国规范在计算 EPA 和 EPV 时不将频段固定，而是在对数坐标系中同时给出加速度反应谱和伪速度反应谱，分别确定加速度反应谱平台段的起始周期 T_0 和结束周期 T_1；在伪速度反应谱中选定起始周期和结束周期分别为 T_1 和 T_2 的平台段；再求得加速度反应谱 $T_0 \sim T_1$ 段的平均谱值 PS_a 和伪速度反应谱 $T_1 \sim T_2$ 段的平均谱值 PS_v。按照重大工程地震危险性分析的方法，通过对不同地震环境影响下不同地区的危险性一致反应谱的计算，认为设计谱平台段放大系数的优势分布为 2.5，与国际普遍采用的计算结果相接近。《中国地震动参数区划图》（GB 18306—2001）定义的 EPA 和 EPV 分别表示为

$$\begin{cases} \mathrm{EPA} = \dfrac{PS_\mathrm{a}}{2.5} \\[3mm] \mathrm{EPV} = \dfrac{PS_\mathrm{v}}{2.5} \end{cases} \tag{3.2}$$

设计谱特征周期 T_g 被定义为

$$T_\mathrm{g} = \frac{2\pi \cdot \mathrm{EPV}}{\mathrm{EPA}} \tag{3.3}$$

对基岩场地上 T_g 的统计分析认为，特征周期一般随震级和距离的增大而增大。我国的抗震规范在确定设计谱时，在相同烈度的条件下考虑远近震对特征周期的影响，也隐含了震级对它的影响。在统计用于区划图衰减关系的过程中，首先计算了 EPA 和 EPV，在统计意义上 EPA 可近似等于 PGA，再确定加速度反应谱平台段的 $a_\mathrm{m}\beta_\mathrm{max}$ 和 T_g。

3.3 不同国家或地区设计谱的对比

目前，世界各个国家的设计谱之间差异很大，甚至同一国家在不同时期的抗震设计谱之间也存在较大差别[45]。我国的建筑抗震设计规范经历了多次大的演变，每次演变都对设计谱做了比较大的修改和补充[46-47]。即便如此，现行规范设计谱仍存在许多尚需要解决的问题[48-53]。为了探讨近些年来一些国家或地区建筑抗震规范中设计谱的发展状况以及它们之间谱形态的差异，本章对比了 38 个国家或地区的规范设计谱，其抗震设计反应谱参数见表 3.1。

这些规范中的设计谱大多数可按式（3.1）进行表示。在对比时，对于 12 个用绝对设计谱形式表示的设计谱，均将其按 $\beta_\mathrm{max} = 2.5$ 的规准谱形式进行转换。由于不同国家或地区的规范中对于场地的划分指标和划分标准不同，很难在完全相同的场地条件对不同的设计谱进行比较。为尽量减小场地条件对设计谱对比结果的影响，本书仅将不同规范中给出的岩石场地和软土场地的设计谱进行了比较。无论规范中场地的分类方法与场地种类多少，其场地中都有岩石场地和软土场地两类。对于大部分规范设计谱，其所规定的岩石场地的准则之间的差别一般不大。因此，不同规范中岩石场地上的设计谱形态最有可比性。但不同规范中的软土场地的划分准则之间的差别较大。因此，不同规范中软土场地上的设计谱形之间的差别也较大。

38 个国家或地区设计谱的比较如图 3.3 所示。图中分别给出了岩石场地与软土场地上不同国家或地区设计谱的对比结果，其中红色线所示为我国建筑抗震规范中的设计谱。由图知，我国设计谱总体上小于大多数国家的设计谱取值，尤其是岩石场地上中短周期段的谱值。尽管同属岩石场地，但不同国家设计谱的谱值之间存在明显差异，同一周期对应谱值之间的差值高达十几倍，而软弱土场地规准谱之间的差别更为显著。

表 3.1　一些国家或地区抗震设计反应谱参数

编号	规范类型	场地	K_A	K_B	β_{max}	T_0/s	T_g/s	γ
1	中国 2001	I	1.00	1.00	2.25	0.10	0.25~0.35	0.90
		II	1.00	1.00	2.25	0.10	0.35~0.45	0.90
		III	1.00	1.00	2.25	0.10	0.45~0.65	0.90
		IV	1.00	1.00	2.25	0.10	0.65~0.90	0.90
2	美国 UBC 1997	A	0.75~0.80	1.00	2.50	$0.20\,T_g$	0.40	1.00
		B	1.00	1.00	2.50	$0.20\,T_g$	0.40	1.00
		C	1.00~1.20	1.00	2.50	$0.20\,T_g$	0.53~0.58	1.00
		D	1.10~1.50	1.00	2.50	$0.20\,T_g$	0.58~0.60	1.00
		E	0.90~2.38	1.00	2.50	$0.20\,T_g$	0.55~1.07	1.00
		F	—	—	—	—	—	—
3	日本 1980	I	1.00	1.00		0.00	0.40	1.00
		II	1.00	1.00	绝对谱	0.00	0.60	1.00
		III	1.00	1.00		0.00	0.80	1.00
4	欧洲 EC8 1994	I	1.00	1.00	2.50	0.10	0.40	1.00
		II	1.00	1.00	2.50	0.15	0.60	1.00
		III	0.90	1.00	2.50	0.20	0.80	1.00
5	俄罗斯 1995	I	1.00	1.00	3.00	0.00	0.33	1.00
		II	1.00	0.90	2.70	0.00	0.42	1.00
		III	1.00	0.67	2.00	0.00	0.75	1.00
6	加拿大 1995	I	1.00	1.00	2.10~4.20	0.00	0.50~2.50	0.50
		II	1.30	1.00	2.10~4.20	0.00	0.50~2.50	0.50
		III	1.50	1.00	2.10~4.20	0.00	0.50~2.50	0.50
		IV	2.00	1.00	2.10~4.20	0.00	0.50~2.50	0.50
7	中国台湾 1997	I	1.00	1.00	2.50	0.15	0.33	0.67
		II	1.00	1.00	2.50	0.15	0.47	0.67
		III	1.00	1.00	2.50	0.20	0.61	0.67
		盆地	1.00	0.80	2.00	0.20	1.65	1.00
8	阿尔巴尼亚 1989	I	1.00	1.00	2.30	0.00	0.30	1.00
		II	1.33~1.38	0.87	2.00	0.00	0.40	1.00
		III	1.70~1.80	0.74	1.70	0.00	0.65	1.00
9	阿尔及利亚 1988	I	1.00	1.00	2.00	0.00	0.30	0.67
		II	1.00	1.00	2.00	0.00	0.50	0.67

续表 3.1

编号	规范类型	场地	K_A	K_B	β_{max}	T_0 /s	T_g /s	γ
10	阿根廷 1983	I	1.00	1.00	3.00	0.10～0.20	0.35～1.20	0.67
		II	1.00～1.13	1.00	3.00	0.10～0.30	0.60～1.40	0.67
		III	1.00～1.25	1.00	3.00	0.10～0.40	1.00～1.60	0.67
11	以色列 1990	I	1.00	1.00	2.50	0.00	0.20	0.33
		II	1.00	1.00	2.50	0.00	0.40	0.33
		III	1.00	1.00	2.50	0.00	0.40～0.80	0.33
		IV	1.00	1.00	2.50	0.00	0.40～1.40	0.33
		V	1.00	1.00	2.50	0.00	1.40	0.33
12	保加利亚 1983	I	1.00	1.00	2.50	0.00	0.36	1.00
		II	1.00	1.00	2.50	0.00	0.48	1.00
		III	1.00	1.00	2.50	0.00	0.64	1.00
13	马其顿 1995	I	1.00	1.00	绝对谱	0.00	0.30	1.00
		II	1.20	1.00		0.00	0.60	1.00
		III	1.40	1.00		0.00	0.90	1.00
14	哥伦比亚 1984	I	1.00	1.00	2.50	0.00	0.33	0.67
		II	1.20	0.83	2.08	0.00	0.44	0.67
		III	1.50	0.53	1.33	0.00	0.85	0.67
15	哥斯达黎加 1986	I	1.00	1.00	2.30	0.12	0.40	1.00
		II	1.00	1.00	2.30	0.12	0.50	1.00
		III	1.00	1.00	2.30	0.12	0.60	1.00
16	古巴 1995	I	1.00	1.00	2.50	0.15	0.40	0.80
		II	1.00	1.00	2.50	0.15	0.60	0.70
		III	1.00	0.80	2.00	0.20	1.00	0.60
		IV	1.00	0.80	2.00	0.20	1.50	0.50
17	多米尼加 1979	I	1.00	1.00	绝对谱	0.00	0.50	0.67
		II	1.20	0.83		0.00	0.66	0.67
		III	1.35	0.74		0.00	0.78	0.67
		IV	1.50	0.67		0.00	0.92	0.67
18	埃及 1988	I	1.00	1.00	绝对谱	0.00	0.40	—
		II	1.30	1.00		0.00	0.40	
		III	1.50	1.00		0.00	0.40	
19	埃塞俄比亚 1983	I	1.00	1.00	绝对谱	0.00	0.23	0.50
		II	1.25	0.83		0.00	0.34	0.50
		III	1.50	0.67		0.00	0.52	0.50

续表 3.1

编号	规范类型	场地	K_A	K_B	β_{max}	T_0 /s	T_g /s	γ
20	法国 1990	I	1.00	1.00	2.50	0.15	0.30	1.00
		II	1.00	1.00	2.50	0.20	0.40	1.00
		III	0.90	1.00	2.50	0.30	0.60	1.00
		IV	0.80	1.00	2.50	0.45	0.90	1.00
21	德国 1981	I	1.00	1.00	绝对谱	0.00	0.45	0.80
		II	1.10～1.20	1.00		0.00	0.45	0.80
		III	1.20～1.40	1.00		0.00	0.45	0.80
		IV	1.40	1.00		0.00	0.45	0.80
22	印度 1984	I	1.00	1.00	绝对谱	0.10	0.35	平均
		II	1.20	1.00		0.10	0.35	光滑
		III	1.50	1.00		0.10	0.35	曲线
23	印度尼西亚 1984	I	1.00	1.00	绝对谱	0.00	0.50	斜下
		II	1.30～1.70	1.00		0.00	1.00	降段
24	伊朗 1988	I	1.00	1.00	2.00	0.00	0.30	0.67
		II	1.00	1.00	2.00	0.00	0.40	0.67
		III	1.00	1.00	2.00	0.00	0.50	0.67
		IV	1.00	1.00	2.00	0.00	0.70	0.67
25	墨西哥 1995	I	1.00	1.00	4.00	0.20	0.60	0.50
		II	2.00	1.00	4.00	0.30	1.50	0.67
		III	2.50	1.00	4.00	0.60	3.90	1.00
26	尼加拉瓜 1983	I	1.00	1.00	绝对谱	0.10	0.50	1.00
		II	1.00	1.00		0.10	0.80	1.00
27	菲律宾 1992	I	1.00	1.00	2.50	0.15	0.40	0.67
		II	1.20	1.00	2.50	0.15	0.55	0.67
		III	1.50	1.00	2.50	0.20	0.90	0.67
		IV	—	—	—	—	—	—
28	葡萄牙 1983	I	1.00	1.00	绝对谱	0.00	0.18	0.50
		II	1.00	1.00		0.00	0.25	0.50
		III	1.00	0.80		0.00	0.50	0.50
29	西班牙 1992	I	1.00	1.00	2.50	0.00	0.15	1.00
		II	1.00	0.88	2.20	0.00	0.20	1.00
		III	1.00	0.76	1.90	0.00	0.25	1.00

续表 3.1

编号	规范类型	场地	K_A	K_B	β_{max}	T_0 /s	T_g /s	γ
30	土耳其 1996	I	1.00	1.00	2.50	0.10	0.30	0.80
		II	1.00	1.00	2.50	0.15	0.40	0.80
		III	1.00	1.00	2.50	0.15	0.60	0.80
		IV	1.00	1.00	2.50	0.20	0.90	0.80
31	委内瑞拉 1982	I	1.00	1.00	2.20	0.15	0.40	0.80
		II	1.00	1.00	2.20	0.15	0.60	0.70
		III	1.00	0.91	2.00	0.15	1.00	0.60
32	智利 1993	I	1.00	1.00	2.50	0.00	0.25	1.00
		II	1.00	1.10	2.75	0.00	0.35	1.25
		III	1.00	1.10	2.75	0.00	0.80	2.00
		IV	1.00	1.10	2.75	0.00	1.50	2.00
33	秘鲁 1977	I	1.00	1.00		0.00	0.30	1.00
		II	1.20	1.00	绝对谱	0.00	0.60	1.00
		III	1.40	1.00		0.00	0.90	1.00
34	澳大利亚 1995	I	1.00	1.00	2.50	0.00	0.20	0.67
		II	1.00	1.00	2.50	0.00	0.35	0.67
		III	1.00	1.00	2.50	0.00	0.50	0.67
		IV	1.00	1.00	2.50	0.00	0.65	0.67
		V	1.00	1.00	2.50	0.00	1.00	0.67
35	新西兰 1992	I	1.00	1.00	2.50	0.10	0.20	0.90
		II	1.00	1.00	2.50	0.15	0.30	0.90
		III	1.00	0.80	2.00	0.15	0.90	1.00
36	南斯拉夫 1981	I	1.00	1.00		0.00	0.50	1.00
		II	1.00	1.00	绝对谱	0.00	0.70	1.00
		III	1.00	1.00		0.00	0.90	1.00
37	罗马尼亚 1992	I	1.00	1.00	2.50	0.00	0.70	
		II	1.00	1.00	2.50	0.00	1.00	—
		III	1.00	1.00	2.50	0.00	1.50	
38	ISO 3010 2000	I	1.00	1.00	2.00～3.00	$(0\sim0.33)\,T_g$	0.30～0.50	
		II	1.00	1.00	2.00～3.00	$(0\sim0.33)\,T_g$	0.50～0.80	0.33～1.00
		III	1.00	1.00	2.00～3.00	$(0\sim0.33)\,T_g$	0.80～1.20	

注：K_A、K_B 分别表示每类场地上的设计地震动峰值加速度 a_m 和规准设计谱的平台高度 β_{max} 与基岩场地上相应量值的比率

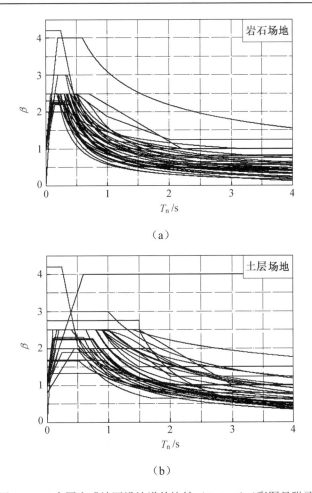

（a）

（b）

图 3.3　38 个国家或地区设计谱的比较（$\xi=0.05$）（彩图见附录）

图 3.4～3.6 给出了 38 个国家或地区的规范设计谱的统计分析参数图。由图知，这些不同的规范设计谱之间主要存在以下差异：

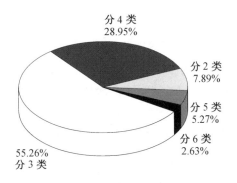

图 3.4　对 38 个规范中场地分类数的统计

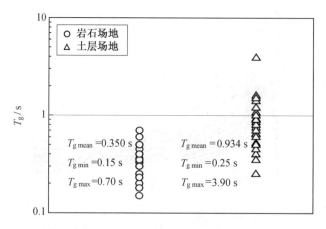

图 3.5　38 个规范中特征周期的统计

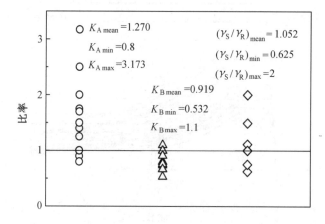

图 3.6　38 个规范中 K_A、K_B、(γ_S/γ_R) 的统计

（1）场地类别从 2 类到 6 类不等，其中将场地分为 3 类的规范占 55%，将场地分为 4 类的占 29%，分为 2 类的占 7.9%，分为 5 类的占 5.3%，只有美国将场地分为 6 类。对场地类别划分的指标、方法与粗细程度基本上反映了不同国家或地区对设计谱的研究深度与认识水平。

（2）有 17 个规范设计谱考虑了场地条件对设计地震动峰值 a_m 的影响，其中除法国和欧洲规范考虑软土场地对 a_m 的减小作用外，其他规范均考虑软土场地对 a_m 的放大作用。通过对 K_A（软土层场地与岩石场地的 a_m 之比）的统计发现其值取 0.8～3.17 不等，平均值为 1.27。

（3）大多数规范不考虑场地条件对规准谱高度 β_{max} 的影响，在 12 个考虑场地影响的规范中，只有智利规范规定软土场地对 β_{max} 有放大作用。有 4 个国家规范的 $\beta_{max}<2$，但墨西哥和加拿大规范中的 β_{max} 达到了 4。对 K_B 统计的平均值为 0.919，但 K_B 的最小值仅为 0.532。

（4）除加拿大、埃及、德国和印度外，其他国家均考虑采用增大特征周期 T_g 来反映软土场地对地震动中长周期段设计谱的放大作用。岩石场地与软弱土场地上 T_g 的平均值分别为 0.35 s 和 0.934 s，稍高于中国规范对应场地的周期值。设计谱第一拐角周期 T_0 的确定一般是经验考虑，不同国家针对不同场地分别采用不同的值，变化范围在 0～0.6 s 之间。对 T_0 的确定将显著影响到高频结构的抗震能力。

（5）智利、古巴、墨西哥和我国台湾规范考虑了场地对设计谱下降段衰减速度参数 γ 的影响。不同规范中 γ 的差别很大，其值变化范围为 0.33～2，土层与岩石场地的 γ 值之比从 0.625 到 2 不等，γ 的确定对设计谱长周期段的影响明显。

3.4　我国建筑抗震设计谱的发展历程

反应谱理论在我国的发展与应用经历了大约半个世纪的历程。1954 年，中国科学院土木建筑研究所在哈尔滨成立，开始了我国的工程抗震研究。1955 年，翻译出版了苏联《地震区建筑规范》（ПСП-101—51），将其作为我国工程抗震工作的参考依据。1958 年，刘恢先教授发表了《论地震力》一文，提出采用反应谱理论进行抗震设计[54]。1959 年，我国第一本抗震设计规范《地震区建筑规范（草案）》（简称 59 规范）问世，采用反应谱理论计算地震作用，给出的设计谱形式是采用绝对谱（图 3.7（b）），规定按场地烈度进行设防，但并未考虑场地条件对反应谱的影响[55-57]。当时，我国是世界上极少数采用反应谱理论进行抗震设计的国家之一。随后，参考当时最新的研究成果[58-59]，刘恢先教授首次提出将场地分成 4 类，不同场地采用不同设计谱曲线的思想。1964 年《地震区建筑设计规范（草案）》（简称 64 规范）明确采纳了这一按场地分类给出设计谱的思想。64 规范是我国第一个自行编制并实施的建筑抗震设计规范，该规范中给出规准设计谱（即放大系数 β）的平台高度为 3，同时规定最小规准谱谱值不小于 0.6（图 3.7（b））。64 规范首次将场地土作为波的传播介质和结构物持力层的双重作用进行处理，并将场地土对地震波的影响反映在设计谱上[60-61]，给出了 4 类场地的设计谱特征周期，在小于特征周期的范围内，规准反应谱的谱值都取最大值 3。在该规范中，场地按物理指标和土层特征描述分类，考虑场地条件对反应谱的影响这一方法的引入要早于欧洲、美国和日本规范十余年。

1966～1976 年间，我国先后发生了邢台、通海、海城和唐山等破坏性地震，通过震害调查，取得了大量震害资料，为抗震规范的编制提供了实践经验与启示。1974 年颁布了《工业与民用建筑抗震设计规范（试行）》（TJ 11—74）（简称 74 规范），该规范也是我国第一个正式批准的抗震规范。由于受强震观测地震资料的限制，74 规范将 64 规范的 4 类场地调整为 3 类，场地的划分指标只依据宏观的土性描述，反应谱的特征周期也相应进行了调整，反应谱的平台高度与平台起始周期以及对最小谱值的规定与 64 规范相同，如图 3.7（c）所示。唐山地震后，在对 74 规范进行局部修改和补充的基础上又颁布了《工业与民用建筑抗震设计规范》（TJ 11—78）。

我国《建筑抗震设计规范》（GBJ 11—89）（简称 89 规范）在充分总结 1975 年海城地震与 1976 年唐山地震的震害教训并借鉴国外抗震规范的经验基础上，对反应谱的规定在 74 规范的基础上做了比较大的修改。89 规范中场地的划分指标增加了覆盖层厚度和剪切波速，以场地土综合特征将场地类别改为 4 类。考虑到场地地震环境对反应谱的影响，规范中增加了按近震、远震进行设计的内容，反应谱的特征周期按场地类别和近远震给出，反应谱的高频段由原来的平台改为在 0～0.1 s 周期范围内的上升斜直线段，平台高度改为 2.25，不再限制反应谱的最小值，而是给出了反应谱的最大适用周期，如图 3.7（d）所示。

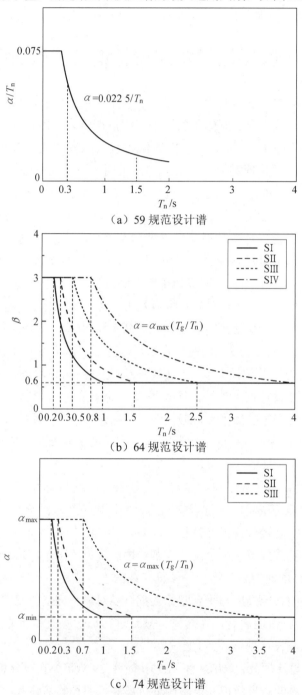

（a）59 规范设计谱

（b）64 规范设计谱

（c）74 规范设计谱

图 3.7　我国不同时期规范的设计谱

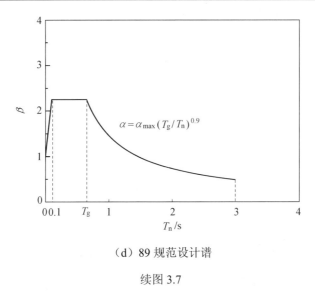

（d）89 规范设计谱

续图 3.7

《建筑抗震设计规范》（GB 50011—2001）将 89 规范的周期范围延至 6 s，长周期位移控制段按下降斜直线段处理，不仅考虑近远震，而且考虑了大震和小震，在考虑场地条件的基础上，分 3 组设计地震选取特征周期，此外还增加了阻尼比对反应谱值影响的内容。场地分类依据覆盖层厚度和剪切波速并适当调整了 89 规范中 4 类场地的范围大小，我国 2001 规范设计反应谱如图 3.8 所示。

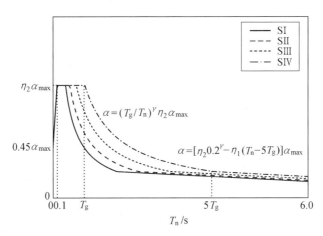

图 3.8　我国 2001 规范设计反应谱

我国建筑抗震设计规范大致经过了 1959、1964、1974、1989、《建筑抗震设计规范》（GB 50011—2001）和《建筑抗震设计规范》（GB 50011—2010）6 次大的演变过程。然而，在经过几次演变之后，仍然不能说我国的设计谱已经足够准确到令人满意的程度。由于设计谱长周期段的谱值与高层或超高层钢结构的设计地震作用直接相关，我国 2001 规范中长周期部分斜直线下降段的表达受到了工程界的广泛关注，原因是规范中不同阻尼比的设计谱在长周期段出现交叉且不收敛[50]。我国 2001 规范中考虑阻尼影响的设计谱如图 3.9 所示，阻尼比为 0.2 的设计谱与阻尼比为 0.1、0.05 和 0.02 的设计谱分别在 3.5 s、4.5 s 和 6 s 处出现了交叉，这一特征显然不符合实际地震动反应谱的变化规律。此外，对竖向地震作用和地下地震作用设计地震动参数的研究还不完善，也是值得进一步讨论的问题。目前，《建筑抗震设计规范》（GB 50011—2010）中仍缺少对近场地震动设计谱的具体规定，根据现行 2010 规范的规定，近场设计谱的特征周期小于中、远场设计谱对应的特征周期，这一规定与考虑方向性效应影响的近断层地震动的频谱特征显然相矛盾。

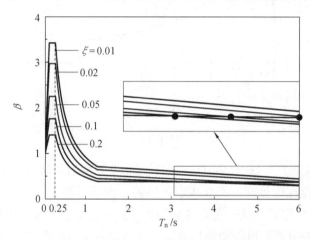

图 3.9　我国 2001 规范中考虑阻尼影响的设计谱

从抗震设计规范的发展历程看，设计反应谱的演变是一个随着震害经验和强震记录的积累以及对地震动反应谱特性的不断认识而逐渐深入的过程，无论是考虑场地条件，还是考虑近远震的影响，从实质上讲，设计反应谱的演变都是朝着与场地地震环境逐步相关的方向发展，而场地地震环境的区别主要表现在场地特征周期和反应谱谱值上，我国《地震动参数区划图》也将反应谱的特征周期和地震动加速度作为反应谱的两个独立的参数[62-63]。

3.5　影响抗震设计谱的主要因素

影响地震动反应谱谱值 PS_a 的因素有震源机制 SM、震中距 ED、震源深度 FD、地质条件 GC、震级 M、场地条件 SC、阻尼比 ξ 和周期 T_n，可表示为

$$PS_a = PS_a(SM, ED, FD, GC, M, SC, \xi, T_n) \qquad (3.4)$$

研究表明，对反应谱形状产生重要影响的因素主要有场地条件、震级和距离。目前，大多数国家的设计谱已经考虑场地条件、震级和距离的影响。研究指出，大震级地震的震源谱包含较多长周期成分，随距离的增加，高频成分逐渐衰减，长周期成分变得相对丰富。震害资料同样表明，大震级地震远距离处的长周期结构会发生较大程度的破坏。震源机制 SM、震源深度 FD 和地质条件 GC 对反应谱的影响仍无确切的结论，也尚

未在规范中得到体现。

现行的各种抗震规范的设计谱大都是按场地类别给出的，但不同国家和地区的场地分类方法和指标存在很大差异，相应设计谱的特征周期之间也差别显著。另外当研究者所选地震动记录不同时，其分析结果之间也会产生差异。如文献[13, 15]的研究结果均表明软弱场地对反应谱长周期段的谱值有明显的放大作用，且软弱场地规准反应谱的峰值明显低于其他场地上的峰值，而文献[20]却得出岩石场地上反应谱谱值在长周期段也有明显放大倾向的结论，从文献[64]的研究结果来看，不同场地上平均规准化反应谱的峰值并无较大的差别。又如文献[65]用 35 条地震动记录水平分量进行统计，得到平均规准反应谱的最大值为 3.3，文献[66]的研究结果为 3.04。文献[67-69]则建议 β_{max} 取 2.25，目前我国现行规范按 2.25 取用，美国 UBC 97 规范取 2.5。

地震记录的选取会显著影响长周期段的规准反应谱值。当地震记录来自于大震级、远距离台站时，地震动中会包含较多的长周期成分，不但使规准反应谱的峰值周期向长周期段推移，而且使规准反应谱值的衰减速度减慢。对于规准反应谱平台高度的影响，主要是所采用的统计平均方法造成的。在将地震动规准化反应谱分类之后再进行平均，一方面削平了规准反应谱的峰值，使平均谱变得光滑。此外，场地划分越细，每类场地的范围就越窄，如果所用的记录数量较少，且主要来自于少数几次地震的相同场地时，就会导致统计结果较大。

研究表明，每次大地震之后其记录得到的反应谱均表现出新的特征。分析新的地震反应谱特征，比较不同地震反应谱之间的异同，是更新现行规范设计谱的主要依据。按照这一思路，设计谱的发展完善只有在地震动记录的数量积累到一定程度时才会得到比较理想和稳定的结果。因此，目前各国研究所都期望能在一个较长的时期内，取得尽量多的强震观测记录，同时能够将影响设计谱的各种因素分得更细。但是也有学者[70]认为目前所出现的这些问题一方面是因为设计谱的形状和大小受到了场地条件、震源参数及场地相对震源的距离和方位的强烈影响，而另一方面这些影响因素又十分复杂，虽然理论上可以，但实际上很难用简单的参数来代表和分类，解决这些问题不是仅依靠增加观测记录的数量就能解决。

自美国 1932 年建设世界上第一个强震观测台站并于 1933 年获得第一条地震加速度记录以来，迄今已历时 80 余年，位于地震区的各国家和地区不惜重金建成或正在建设自己规模宏大的强震观测台网以不断获取新的强震数据[71-73]。目前关于地震动记录和设计谱有 3 个问题需要思考：

（1）什么样的抗震设计谱是我们所需要的？为了得到这样的设计谱到底还需要多少和哪些强震记录？为了得到所想要的观测资料还要做怎样的努力？

（2）对于没有强震记录或仅有少量强震记录的国家和地区来说，应采用怎样的抗震设计谱？

（3）我国虽然已获取一定数量的强震记录，但现行设计谱的建立主要使用的是国外强震记录，这是否合适？

3.6　本章小结

　　本章介绍了 38 个国家或地区的设计谱形式，并介绍了我国抗震设计谱的演变与发展历程。随着对地震及地震动记录认识的逐渐深入，不同时期的设计谱均有明显的改进，设计谱的表达方式也朝着考虑更多因素的方向发展。不同规范设计谱之间的差异主要表现在场地分类、拐角周期和平台段高度、下降段控制速度这几个方面。近年来，世界各地已获取了一批资料相对完备的地震记录，这些记录为反应谱的研究和各国抗震规范的制定提供了非常宝贵的数据资料。但目前仍不能够建立一个既可以考虑许多影响因素，又能做到强震记录在各影响因素和世界各地区之间分配均匀，还可以做到分类细致的地震动数据库。因此作者认为，对于抗震设计谱的研究，有必要从新的认识角度出发，加强对地震动变化规律的研究，分析在众多影响因素作用下反应谱的普遍规律，给出一种新的能够全面考虑各种因素的设计谱模型。

第4章　简单地震动模型及其反应谱特性

4.1　引　　言

本书前 3 章介绍了反应谱和设计谱的基本概念及目前研究中存在的问题，从本章至第 7 章，将介绍不同类型地震动的反应谱特性，以及不同因素对地震动反应谱的影响。鉴于实际地震动的频率组成较为复杂，在介绍实际地震动的反应谱特性之前，本章首先介绍几种地震动模型及其反应谱的特性。在地震工程领域的研究中，国内外学者常采用一些简单的周期函数描述地震动中某一种频率成分，如后面章节将介绍的脉冲型地震动。研究简单地震动模型及其反应谱的特性对于认识实际地震动的反应谱具有重要指导意义。本章主要介绍两种单一频率的地震动模型和一个多种频率成分的地震动模型，并分析其反应谱特性。本章的内容能够使读者系统认识规准反应谱和双规准反应谱之间的差异，便于理解后面的分析内容。

4.2　简谐波地震动模型反应谱

简谐波是最常见的一种周期函数，很多周期荷载均可以描述成一个或多个简谐波。鉴于此，本章首先介绍以简谐波作为地震动加速度时程时反应谱的特性。图 4.1 所示为在简谐加速度 $\ddot{u}_{g0}\sin\theta t$ 时程作用下的单自由度体系的运动模型。$\ddot{u}_{g0}$、θ 和 t 分别为简谐加速度时程的幅值、频率和作用时间；m、k 和 h 分别为单自由度体系的质量、刚度和阻尼系数。该单自由度体系的运动方程为

$$\ddot{u} + 2\xi\omega_n\dot{u} + \omega_n^2 u = -\ddot{u}_{g0}\sin\theta t \tag{4.1}$$

式中，$\ddot{u}$、$\dot{u}$、u 分别为体系的相对加速度、相对速度和相对位移；ω_n 为不考虑阻尼时体系的自振圆频率。

在零初始条件 $u = u(0) = 0$，$\dot{u} = \dot{u}(0) = 0$ 情况下，方程（4.1）的解为

$$u(t) = e^{-\xi\omega_n t}(A\cos\omega_D t + B\sin\omega_D t) + C\cos\theta t + D\sin\theta t \tag{4.2a}$$

式中

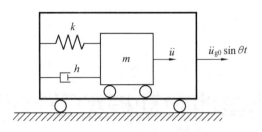

图 4.1　单自由度体系的运动模型

$$\omega_D = \omega_n \sqrt{1-\xi^2} \tag{4.2b}$$

为考虑阻尼时体系的自振圆频率。系数 A、B、C 和 D 的计算表达式为

$$
\begin{cases}
A = \ddot{u}_{g0} \dfrac{-2\xi\omega_n\theta}{(\omega_n^2 - \theta^2)^2 + (2\xi\omega_n\theta)^2} \\[4mm]
B = \ddot{u}_{g0} \dfrac{\omega_n^2 - \theta^2 - 2(\xi\omega_n)^2}{(\omega_n^2 - \theta^2)^2 + (2\xi\omega_n\theta)^2} \dfrac{\theta}{\omega_D} \\[4mm]
C = \ddot{u}_{g0} \dfrac{2\xi\omega_n\theta}{(\omega_n^2 - \theta^2)^2 + (2\xi\omega_n\theta)^2} \\[4mm]
D = \ddot{u}_{g0} \dfrac{\theta^2 - \omega_n^2}{(\omega_n^2 - \theta^2)^2 + (2\xi\omega_n\theta)^2}
\end{cases}
\tag{4.3}
$$

　　研究表明，持时是影响地震动及其反应谱特性的重要因素之一[74-79]。为考虑持时对分析结果的影响，在本章的分析中采用循环周期数 $i = t/T_p$ 来反映简谐地震动的作用持时，T_p 是简谐波的振动周期，也作为计算双规准反应谱时规准横坐标的周期。在本章所有关于反应谱的计算中，单自由度体系阻尼比均取 $\xi = 0.05$。

4.2.1　全解反应谱

　　根据式（4.2a）和式（4.3），可求得自振圆频率为 ω_n，阻尼比为 ξ 的单自由度体系的最大位移反应为

$$S_d = \left| u(t) \right|_{\max} \tag{4.4}$$

　　相应地，体系的伪速度 PS_v 与伪加速度 PS_a 可根据式（1.10）求出。

　　图 4.2 给出了 $i = 10, 4, 2, 1$ 时简谐地震动模型的规准反应谱，由图知：

　　（1）加速度谱的峰值出现在 $T_n/T_p < 1$ 的位置，而相对速度谱与位移谱的峰值出现在 $T_n/T_p > 1$ 的位置，随着循环周期数的增大，反应谱的峰值周期位置 T_n/T_p 逐渐接近 1。

　　（2）简谐地震动的速度谱值在峰值以前的部分略小于伪速度谱值，在峰值以后的部

分明显大于伪速度谱值，相对速度谱值在长周期段（$\theta \gg \omega$）趋于地面运动速度的幅值。

（3）简谐地震动的反应谱峰值随循环周期数的增加而明显增大。在位移谱中，长周期段（$\theta \gg \omega$）的谱值随循环周期数的增加呈阶梯状上升趋势，当循环周期数一定时，位移谱值逐渐趋于地面位移的幅值。循环周期数越多，长周期体系的位移反应也越大，其谱值远超过引起共振体系的最大位移反应。

对于图 4.2（d）中位移反应谱的值随循环周期数的增大而逐渐增大，其本质原因是简谐地震动模型的位移时程存在明显的基线漂移。

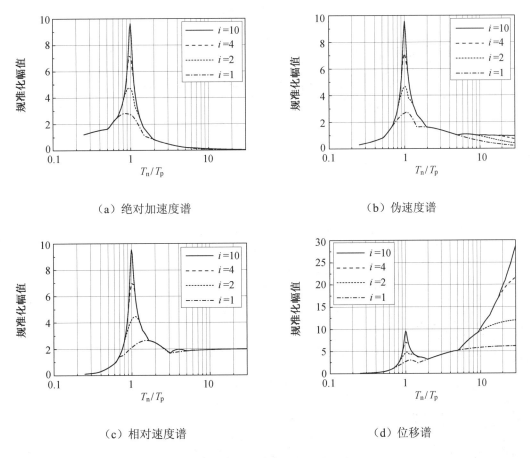

（a）绝对加速度谱　　　　　　　（b）伪速度谱

（c）相对速度谱　　　　　　　（d）位移谱

图 4.2　简谐地震动的标准反应谱

4.2.2　稳态解反应谱

式（4.1）右边等式的前半项随时间的增长会逐渐衰减为 0，若仅考虑式（4.1）的稳态解，则有

$$u_{\mathrm{st}}(t) = C\cos\theta t + D\sin\theta t \tag{4.5}$$

系数 C、D 见式（4.3）。式（4.5）也可写作

$$u_{\text{st}}(t) = A_{\text{st}}\sin(\theta t - \varepsilon) \tag{4.6}$$

令频比 $F_{\text{r}} = \dfrac{\theta}{\omega_{\text{n}}}$，系数 A_{st} 和 ε 分别为

$$A_{\text{st}} = \sqrt{C^2 + D^2} = \frac{\ddot{u}_{\text{g}0}}{\omega_{\text{n}}^2}\frac{1}{\sqrt{(1 - F_{\text{r}}^2)^2 + (2\xi F_{\text{r}})^2}} \tag{4.7a}$$

$$\varepsilon_{\text{st}} = \arctan\frac{2\xi F_{\text{r}}}{1 - F_{\text{r}}^2} \tag{4.7b}$$

则任意时刻体系的稳态绝对加速度、稳态相对位移、相对速度和相对加速度反应分别为

$$\ddot{u}_{\text{st}}^{\,t}(t) = \ddot{u}_{\text{st}}(t) + \ddot{u}_{\text{g}0}\sin\theta t = \ddot{u}_{\text{g}0}(C_1\cos\theta t + D_1\sin\theta t) \tag{4.8a}$$

$$u_{\text{st}}(t) = R_{\text{D}}\frac{\ddot{u}_{\text{g}0}}{\omega_{\text{n}}^2}\sin(\theta t - \varepsilon) \tag{4.8b}$$

$$\dot{u}_{\text{st}}(t) = R_{\text{V}}\frac{\ddot{u}_{\text{g}0}}{\omega_{\text{n}}}\cos(\theta t - \varepsilon) \tag{4.9a}$$

$$\ddot{u}_{\text{st}}(t) = -R_{\text{A}}\ddot{u}_{\text{g}0}\sin(\theta t - \varepsilon) \tag{4.9b}$$

式中

$$R_{\text{D}} = \frac{1}{\sqrt{(1 - F_{\text{r}}^2)^2 + (2\xi F_{\text{r}})^2}} \tag{4.10}$$

R_{D}、R_{V} 和 R_{A} 分别为相对位移、速度和加速度动力放大系数，且它们存在如下关系：

$$R_{\text{A}} = F_{\text{r}}R_{\text{V}} = F_{\text{r}}^2 R_{\text{D}} \tag{4.11}$$

系数 C_1 和 D_1 分别为

$$C_1 = \frac{-2\xi F_{\text{r}}^3}{(1 - F_{\text{r}}^2)^2 + 2(\xi F_{\text{r}})^2} \tag{4.12a}$$

$$D_1 = \frac{1 - F_{\text{r}}^2 + (2\xi F_{\text{r}})^2}{(1 - F_{\text{r}}^2)^2 + (2\xi F_{\text{r}})^2} \tag{4.12b}$$

体系的绝对加速度幅值为

$$\ddot{u}_{\text{st}}^{\,t}(t) = \ddot{u}_{\text{g}0}\sqrt{C_1^2 + D_1^2} = \ddot{u}_{\text{g}0}TR \tag{4.13}$$

式中，TR 为加速度传递系数，且

$$TR = \sqrt{\frac{1+(2\xi F_{\mathrm{r}})^2}{(1-F_{\mathrm{r}}^{\,2})^2+(2\xi F_{\mathrm{r}})^2}} \tag{4.14}$$

于是，可求得体系的最大稳态相对位移、相对速度和绝对加速度反应分别为

$$S_{\mathrm{dst}} = \left|u_{\mathrm{st}}(t)\right|_{\max} = \ddot{u}_{g0}\frac{R_{\mathrm{D}}}{\omega_{\mathrm{n}}^2} \tag{4.15a}$$

$$S_{\mathrm{vst}} = \left|\dot{u}_{\mathrm{st}}(t)\right|_{\max} = \ddot{u}_{g0}\frac{R_{\mathrm{V}}}{\omega_{\mathrm{n}}} \tag{4.15b}$$

$$S_{\mathrm{ast}} = \left|\ddot{u}_{\mathrm{st}}^{\,t}(t)\right|_{\max} = \ddot{u}_{g0}TR \tag{4.15c}$$

则简谐波地震动的稳态绝对加速度、相对速度和相对位移谱之间存在如下关系：

$$\frac{F_{\mathrm{r}}/\omega_{\mathrm{n}}}{\sqrt{1+(2\xi F_{\mathrm{r}})^2}}S_{\mathrm{ast}} = S_{\mathrm{vst}} = \theta S_{\mathrm{dst}} \tag{4.16}$$

仅考虑单自由度体系稳态过程时的规准绝对加速度、规准相对速度和规准位移反应谱，如图 4.3 所示。

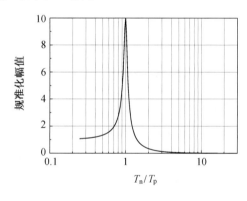

（a）绝对加速度谱

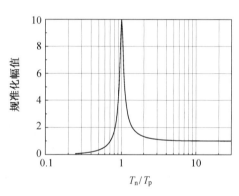

（a）相对速度谱

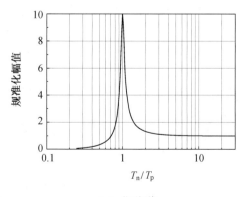

（c）位移谱

图 4.3　简谐地震动的稳态解反应谱

由图 4.3 可知：

（1）仅考虑稳态解，且忽略阻尼比的影响时，绝对加速度谱与相对速度谱之间近似存在关系 $S_{ast} \approx \omega S_{vst}$。这与全解反应谱中伪加速度谱与伪速度谱之间的关系相同。而相对速度谱与相对位移谱之间谱形状完全相同，不同周期的谱值之间存在相同的比值。

（2）简谐地震动的稳态相对速度谱与相对位移谱在峰值以后的长周期段（$\theta \gg \omega$）均趋于常数。

4.2.3　瞬态解反应谱

由式（4.2a）和式（4.3）知，单自由度体系在任意时刻的瞬态位移解为

$$u_{tr}(t) = e^{-\xi \omega_n t}(A \cos \omega_D t + B \sin \omega_D t) \tag{4.17}$$

式（4.17）也可写作

$$u_{tr}(t) = e^{-\xi \omega_n t} A_{tr} \sin(\theta t - \varphi_{tr}) \tag{4.18}$$

式中

$$A_{tr} = \sqrt{A^2 + B^2} \tag{4.19a}$$

$$\varphi_{tr} = \arctan \frac{2\xi \sqrt{1 - \xi^2}}{1 - F_r^2 - 2\xi} \tag{4.19b}$$

由于瞬态解中包含随时间 t 变化的衰减项，所以其最大反应与式（4.18）中的相位角 φ_{tr} 有关。当 $\omega_n \ll \theta$ 时，相位角 $\varphi_{tr} \to 0$，最大瞬态位移约发生在 $T_p/4$ 时刻。

单自由度体系的最大瞬态位移反应为

$$S_{dtr} = |u_{tr}(t)|_{max} = \ddot{u}_{g0} A_{tr} e^{-\xi \omega_n t} \tag{4.20}$$

对式（4.18）分别求一次、二次导数，忽略阻尼的影响，可得到瞬态解绝对加速度、相对速度与相对位移反应谱之间近似存在以下关系：

$$S_{atr} \approx \omega_n S_{vtr} \approx \omega_n^2 S_{dtr} \tag{4.21}$$

图 4.4 所示为不同作用循环周期数情况下的简谐地震动瞬态解的规准化反应谱。由图 4.4 知，简谐地震动的瞬态解绝对加速度、相对速度和位移谱之间与全解伪加速度谱、伪速度谱和位移谱之间有大致相同的关系。

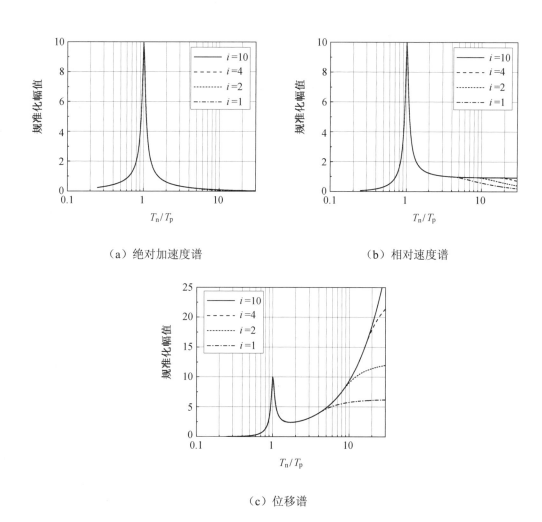

（a）绝对加速度谱　　　　　　　　　　　　（b）相对速度谱

（c）位移谱

图 4.4　不同作用循环周期数情况下的简谐地震动瞬态解的规准化反应谱

　　图 4.5 所示为简谐地震动全解、稳态解和瞬态解 3 种规准化反应谱之间的比较。其中，全解谱和瞬态解谱采用的简谐地震动的作用循环周期数均为 10。由图 4.5 知：

　　（1）简谐地震动的全解反应谱、稳态解反应谱和瞬态解反应谱均在共振区出现峰值，且峰值大小均比较接近。

　　（2）在简谐地震动反应谱峰值以前的高频段（$\theta < \omega_n$），全解谱的谱值最大，瞬态解谱的谱值最小。而在峰值以后的长周期段（$\theta \gg \omega_n$），全解谱谱值近似等于稳态解谱值与瞬态解谱值之和。

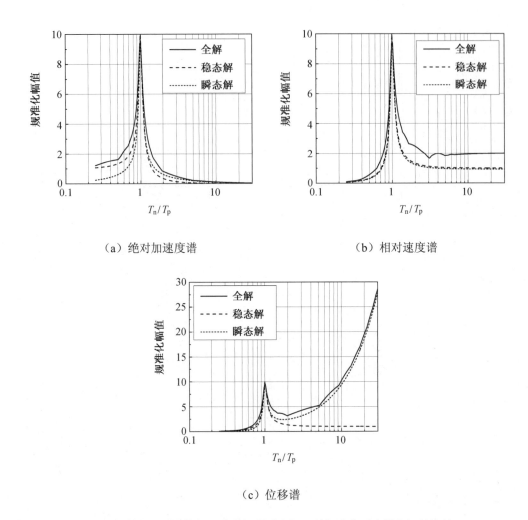

（a）绝对加速度谱　　　　　　　　（b）相对速度谱

（c）位移谱

图 4.5　简谐地震动全解、稳态解和瞬态解 3 种规准化反应谱之间的比较

4.2.4　简谐波地震动模型双规准反应谱

图 4.6（a）所示为不同振动周期的简谐地震动规准加速度反应谱及其平均谱。当简谐地震动作用循环周期数较大时，其规准谱峰值周期基本接近简谐地震动振动周期。不同简谐地震动规准谱的平均谱峰值远远低于其各自规准谱的峰值。由图 4.6（b）知，简谐地震动的双规准反应谱十分相近，当简谐波作用循环周期数相同时，双规准反应谱完全相同。

由上述分析知，采用双规准反应谱描述不同周期简谐波地震动模型要优于规准反应谱的方法。双规准反应谱能够消除频率成分对反应谱形态的影响。后面将逐步阐述双规准反应谱方法在实际地震动反应谱分析中的应用。

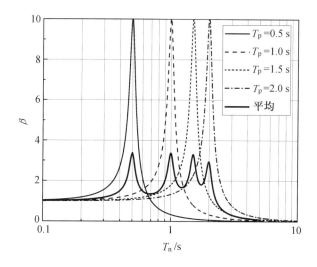

（a）规准加速度反应谱

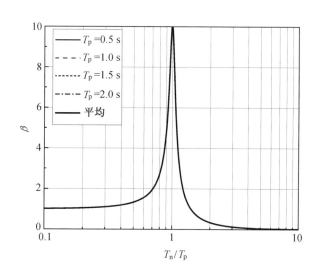

（b）双规准加速度反应谱

图 4.6　简谐地震动规准加速度反应谱和双规准加速度反应谱（$\xi = 0.05$）

4.3　等效地震动模型反应谱

除了上面介绍的简谐波地震动模型外，作者曾采用矩形函数和三角形函数等近似地震动[80-81]。但这些模型并不能反映地震动强幅值的增长和衰减的变化过程。此外，这些波形得到的位移时程往往并不能围绕 0 轴振荡。鉴于此，本节介绍了一种能够体现这些特征的等效地震动模型的特性。这一模型由在余弦波的基础上加上线性增长和线性下降的包络线而得到，其加速度、速度和位移时程的表达式为

$$
a(t) = \begin{cases} X\dfrac{t}{t_1}\cos 2\pi\omega(t-\theta), & 0 \leqslant t \leqslant t_1 \\[2mm] X\dfrac{t-t_2}{t_1-t_2}\cos 2\pi\omega(t-\theta), & t_1 \leqslant t \leqslant t_2 \end{cases} \tag{4.22}
$$

$$
v(t) = \begin{cases} \dfrac{X}{4\pi^2\omega^2 t_1}[\cos 2\pi\omega(t-\theta) - \cos 2\pi\omega\theta + 2\pi\omega t\sin 2\pi\omega(t-\theta)], & 0 \leqslant t \leqslant t_1 \\[2mm] \dfrac{X}{4\pi^2\omega^2 t_1(t_1-t_2)}[(t_2-t_1)\cos 2\pi\omega\theta + t_1\cos 2\pi\omega(t-\theta) - \\[2mm] t_2\cos 2\pi\omega(t_1-\theta) + 2\pi\omega t_1(t-t_2)\sin 2\pi\omega(t-\theta)], & t_1 \leqslant t \leqslant t_2 \end{cases} \tag{4.23}
$$

$$
d(t) = \begin{cases} \dfrac{X}{4\pi^3\omega^3 t_1}[\sin 2\pi\omega(t-\theta) + \sin 2\pi\omega\theta - \pi\omega t\cos 2\pi\omega(t-\theta) - \pi\omega t\cos 2\pi\omega\theta], & 0 \leqslant t \leqslant t_1 \\[2mm] \dfrac{X}{4\pi^3\omega^3 t_1(t_1-t_2)}[\pi\omega t_1(t_2-t)\cos 2\pi\omega(t-\theta) + \pi\omega t_2(t_1-t)\cos 2\pi\omega(t_1-\theta) + \\[2mm] \pi\omega t(t_2-t_1)\cos 2\pi\omega\theta + t_1\sin 2\pi\omega(t-\theta) - t_2\sin 2\pi\omega(t_1-\theta) + (t_1-t_2)\sin 2\pi\omega\theta], & t_1 \leqslant t \leqslant t_2 \end{cases} \tag{4.24}
$$

式中，X 为地震动线性加速度包络线幅值；t_1、t_2 为时间参数；ω 为自然频率，周期 $T_p = 1/\omega$；θ 为相位角，且 $0 \leqslant \theta \leqslant T_p/2$。

通过对加速度时程 $a(t)$ 一次积分和二次积分便可以得到对应的速度时程 $v(t)$ 和位移时程 $d(t)$。由于需要保证初始时刻 $v(0) = 0$、$d(0) = 0$ 以及 $t = t_1$ 时分段函数连续，所以上述表达式唯一。通过公式推导，得出了 $a(t_2) = 0$、$v(t_2) = 0$、$d(t_2) = 0$ 同时满足的充要条件，即

$$
\begin{cases} \cos 2\pi\omega\theta = \cos 2\pi\omega(t_1-\theta) = \cos 2\pi\omega(t_2-\theta) \\[2mm] \sin 2\pi\omega\theta = -\sin 2\pi\omega(t_1-\theta) = -\sin 2\pi\omega(t_2-\theta) \end{cases} \tag{4.25}
$$

若式（4.25）成立，则 $t_2 = mT_p$，$t_1 = lT_p$（m、l 均为整数且 $m > l$）。

图 4.7 所示为 3 组不同参数取值的地震动分量时程曲线。图 4.7（a）由多个循环的简谐脉冲组成，包括增强段和衰减段两部分，其加速度包络线幅值 X 一般大于加速度幅值 PGA，可用于等效普通地震动中的某一分量。图 4.7（b）和图 4.7（c）具有典型的近断层脉冲型地震动的特征，可用于等效无残留位移和有残留位移的近断层脉冲型地震动。当改变模型参数时，还可以获得其他各种情况下所需要的单频地震动。

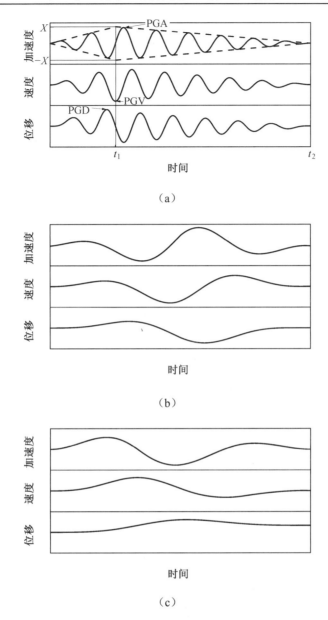

图 4.7　3 组不同参数取值的地震动分量时程曲线

4.3.1　时间参数 t_1 的影响

由前面介绍的等效地震动模型知，参数 t_1 能够反映地震动强度增长的快慢。为分析 t_1 对等效地震动模型反应谱的影响规律，本节计算了 t_1/T_p 分别为 1、2、3、4 和 5 时的模型地震动的双规准反应谱，其相对应的等效地震动模型的具体参数值见表 4.1。由表知，地震动强度增长速度对等效地震动模型的加速度幅值无影响，对速度和位移幅值的影响也不明显。

表 4.1　不同 t_1 取值相对应的等效地震动模型具体参数值

X	T_p	t_1/T_p	t_2/T_p	θ/T_p	PGA	PGV/T_p	$\dfrac{\text{PGD}}{\text{PGV} \cdot T_p}$
1	1	1	6	0	1	0.156	0.324
		2			1	0.156	0.326
		3			1	0.154	0.328
		4			1	0.156	0.326
		5			1	0.156	0.324

图 4.8 所示为不同 t_1 取值的等效地震动模型的双规准反应谱。由图 4.8 知，强度增长参数 t_1 对双规准反应谱有较明显的影响。不同 t_1 的双规准谱之间的差别主要体现在长周期段。另外值得注意的是，规准反应谱的峰值均随 t_1/T_p 值的增加而增大，但随着 t_1/T_p 值的逐渐增加，等效地震动模型长周期段的谱值有逐渐减小的趋势。

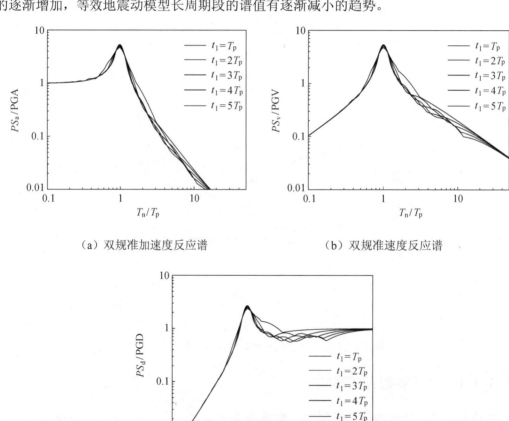

（a）双规准加速度反应谱　　　　　　　（b）双规准速度反应谱

（c）双规准位移反应谱

图 4.8　不同 t_1 取值的等效地震动模型的双规准反应谱（彩图见附录）

4.3.2　持时参数 t_2 的影响

由上面的分析知，t_2 参数主要控制等效地震动模型的持时，而持时是地震动的三要素之一。为分析 t_2 对等效地震动模型的影响，本节计算了 t_2/T_p 分别为 2、3、4、5 和 6 时的等效地震动模型的双规准反应谱，其相对应的等效地震动模型参数见表 4.2。由表 4.2 知，随着 t_2 取值的逐渐增大，速度幅值有增大的趋势，但整体上持时参数 t_2 对等效地震动模型的幅值的影响较小。但持时对等效地震动模型规准反应谱峰值影响显著，谱峰值（PS_a、PS_v、S_d）随 t_2/T_p 值的成倍增大而明显增大。

表 4.2　不同 t_2 取值相对应的等效地震动模型具体参数值

X	T_p	t_1/T_p	t_2/T_p	θ/T_p	PGA	PGV/T_p	$\dfrac{PGD}{PGV \cdot T_p}$
1	1	1	2	0	1	0.145	0.350
			3		1	0.152	0.334
			4		1	0.154	0.328
			5		1	0.156	0.326
			6		1	0.156	0.324

图 4.9 所示为不同 t_2 取值的等效地震动模型的双规准反应谱。由图 4.9 知，持时的影响主要集中在反应谱的峰值周期附近，不同持时的地震动双规准谱在峰值附近以外的区域基本没有明显差别。

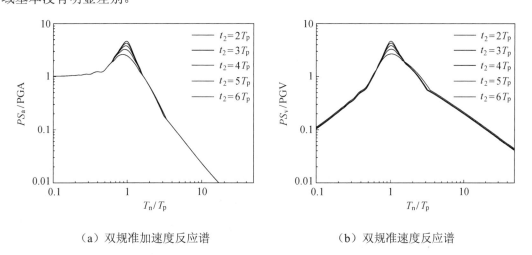

（a）双规准加速度反应谱　　　　　　　（b）双规准速度反应谱

图 4.9　不同 t_2 取值的等效地震动模型的双规准反应谱（彩图见附录）

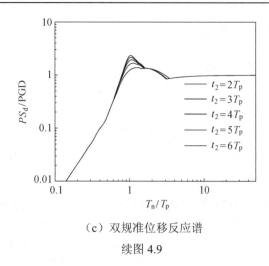

（c）双规准位移反应谱

续图 4.9

4.3.3 相位角θ的影响

相位角θ也是等效地震动模型中的重要参数之一。本节讨论了相位角 θ 对等效地震动模型的影响。表 4.3 给出了θ/T_p 分别等于 0、0.1、0.2、0.3 和 0.4 时的等效地震动模型的参数。由表 4.3 知，相位角对等效地震动模型幅值的影响明显，相位角为 0 时，加速度幅值最大，其他相位角时的加速度幅值依次减小，而速度和位移幅值分别在θ/T_p=0 和θ/T_p=0.4 附近时达到最大和最小值。相位角对等效地震动模型双规准反应谱峰值影响明显，谱峰值 PS_a 随θ/T_p 的增大而变大，PS_v 和 S_d 分别在θ/T_p = 0.2 和 0.3 时取最小值和最大值。

表 4.3 不同θ取值相对应的等效地震动模型的参数

X	T_p	t_1/T_p	t_2/T_p	θ/T_p	PGA	PGV/T_p	$\dfrac{PGD}{PGV \cdot T_p}$
1	1	1	6	0	1	0.145	0.350
				0.1	0.953	0.156	0.295
				0.2	0.935	0.159	0.211
				0.3	0.926	0.159	0.216
				0.4	0.921	0.159	0.290

由于相位角对模型地震动的幅值影响明显，图 4.10 给出了按表 4.3 中的参数取值且 T_p = 1 s 时，不同相位角等效地震动模型的伪加速度、伪速度和位移反应谱。由图 4.10 知，相位角对反应谱峰值周期附近的谱值无明显影响，不同相位角反应谱的谱值差别主要表现在长周期段，且长周期段以相位角为 0 时的反应谱最高。

图 4.11 所示为不同相位角的地震动模型双规准反应谱。由图 4.11 知，相位角对加速度和速度谱的影响主要表现在长周期段，但对双规准位移谱的影响表现在中、短周期段，双规准位移谱长周期段的谱值基本趋于一致，相位角为 0 的地震动长周期段的双规准谱值不小于其他相位角地震动的谱值。

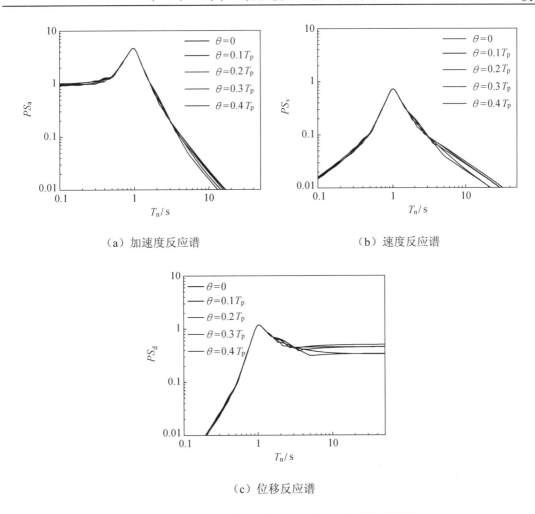

（a）加速度反应谱　　　　　　（b）速度反应谱

（c）位移反应谱

图 4.10　不同相位角等效地震动模型反应谱（彩图见附录）

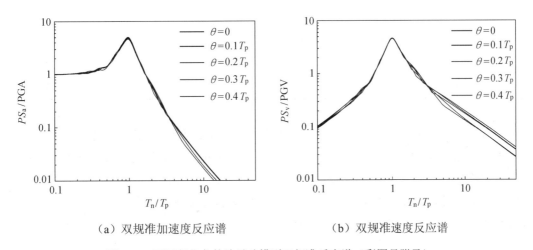

（a）双规准加速度反应谱　　　　　　（b）双规准速度反应谱

图 4.11　不同相位角的地震动模型双规准反应谱（彩图见附录）

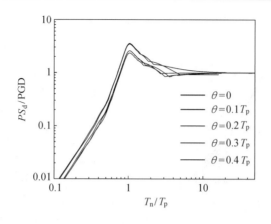

（c）双规准位移反应谱

续图 4.11

4.3.4 周期 T_p 的影响

周期 T_p 体现了等效地震动模型所表示的频率成分，是影响等效地震动模型最重要的参数之一。为讨论周期 T_p 对地震动模型的影响，本节计算了 $T_p = 0.3$、0.6、0.9、1.2、1.5时的等效地震动模型，其相应的等效地震动模型参数见表 4.4。由表 4.4 知，加速度幅值 PGA 不随 T_p 改变而变化，但 PGV、PGD 却随 T_p 的增大有增大的趋势。因此在加速度幅值 PGA 一定时，长周期的分量更容易产生大的速度和位移幅值。

表 4.4 不同 T_p 相应的等效地震动模型参数

X	T_p	t_1/T_p	t_2/T_p	θ/T_p	PGA	PGV/T_p	$\dfrac{\text{PGD}}{\text{PGV}\cdot T_p}$
1	0.3				1	0.046	0.099
	0.6				1	0.093	0.197
	0.9	3	6	0	1	0.139	0.295
	1.2				1	0.185	0.394
	1.5				1	0.232	0.492

图 4.12～4.14 所示分别为不同 T_p 的地震动模型的反应谱、规准反应谱和双规准反应谱。由图 4.12～4.14 知，在加速度幅值相等时，模型地震动的加速度反应谱峰值不因周期的变化而改变，但速度和位移反应谱随周期的增大而逐渐增大；不同周期时模型地震动的规准加速度、规准速度和规准位移均具有相同的放大系数；不同周期模型地震动的双规准加速度、双规准速度和双规准位移均能重合。

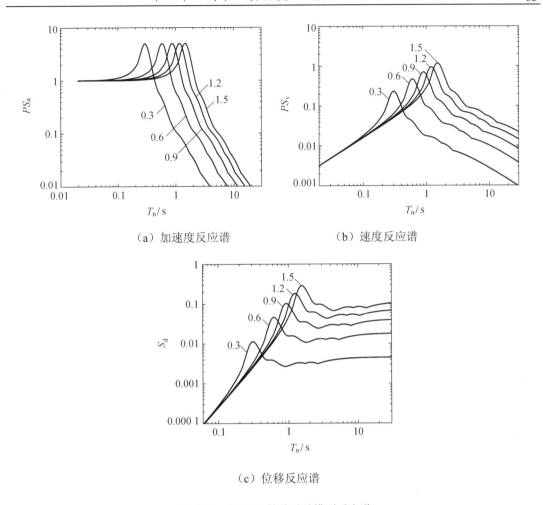

（a）加速度反应谱　　　　　　（b）速度反应谱

（c）位移反应谱

图 4.12　不同 T_p 的地震动模型反应谱

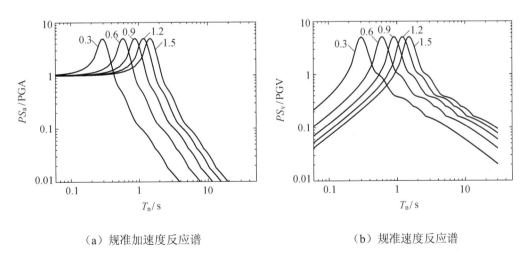

（a）规准加速度反应谱　　　　　　（b）规准速度反应谱

图 4.13　不同 T_p 的地震动模型规准反应谱

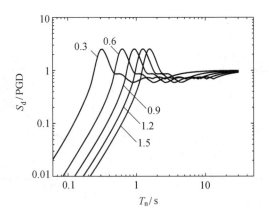

（c）规准位移反应谱

续图 4.13

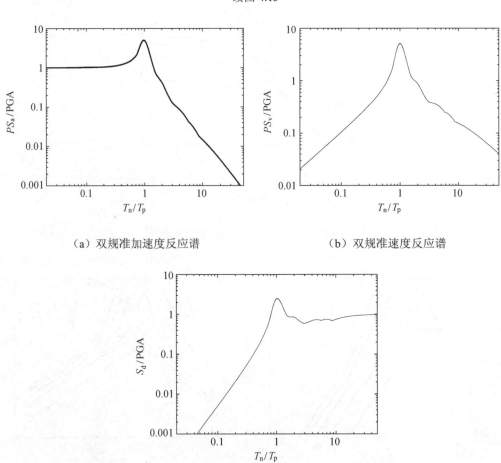

（a）双规准加速度反应谱　　　　　　（b）双规准速度反应谱

（c）双规准位移反应谱

图 4.14　不同 T_p 的地震动模型双规准反应谱

以上分析表明：

（1）强度增长参数 t_1 对地震动幅值没有明显的影响，但对放大系数有影响，放大系数的峰值随 t_1 增大而增大。

（2）参数 t_2 对地震动幅值没有明显影响，但对放大系数有影响，放大系数的峰值随 t_2 增大明显增大，且 t_2 对放大系数的影响要比 t_1 明显。若 t_1 保持不变，则 t_2 的变化实质上反映了地震动强度对衰减速度的影响。

（3）相位角 θ 对地震动幅值有明显影响，加速度幅值在 $\theta = 0$ 时最大，速度、加速度幅值则在 $\theta = 0.25T_p$ 附近分别达到最大值和最小值，但对反应谱的峰值没有明显影响。

（4）周期 T_p 对放大系数的形状及大小没有影响，但是对地震动的幅值有比较明显的影响，PGA 不随 T_p 的增大而增大，PGV/PGA、PGD/PGV 则随 T_p 的增大而增大。

综上所述，循环次数（t_1/T_p、t_2/T_p）影响放大系数，相位角 θ 影响地震动幅值，周期 T_p 影响幅值关系（PGV/PGA、PGD/PGV）。

4.4　组合等效地震动模型反应谱

为进一步认识模型地震动反应谱的特性，本节讨论了两种等效地震动模型组合时的反应谱特征。本节采用式（4.26）将上一节介绍的等效地震动模型进行叠加。

$$a_g(t) = \sum_{i=0}^{N} X_i [a_{0i} + a_i(t)] \tag{4.26}$$

式中，$a_g(t)$ 为叠加地震动；a_{0i} 为第 i 个分量的时程起始时间。本节对表 4.5 所示两个等效地震动模型进行组合。在组合时，以 0.05 s 为间隔进行了全程搜索，共得到 181 种组合地震动。

表 4.5　两列简谐波地震动参数

参数	X	t_1/s	t_2/s	T_p/s	θ / T_p
模型一	1	1	3	0.25	0.05
模型二	0.5	2	6	0.5	0.125

181 种组合地震动模型的反应谱如图 4.15 所示。由图 4.15 知，这些反应谱具有比较一致的特性，在短周期段、长周期段及波谷处的离散性相对较大。由第 1 章的分析知，$T_n \to 0$ 时，$PS_a \to$ PGA；$T_n \to \infty$ 时，$S_d \to$ PGD。不同的组合方式使得组合地震动的峰值产生了一些差异，这是反应谱在短周期段和长周期段分别表现出较大离散性的本质原因。

由图 4.15 可以看出，除了 $T_n \to 0$ 时规准加速度谱和 $T_n \to \infty$ 时规准位移谱差别明显减小外，在其他周期段规准反应谱的差别并未得到明显改善。

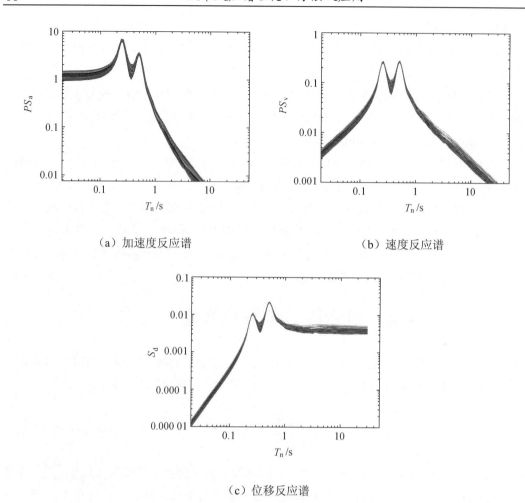

（a）加速度反应谱　　　　　　　　　（b）速度反应谱

（c）位移反应谱

图 4.15　181 种组合地震动模型的反应谱

4.5　本章小结

本章介绍了两种单一频率成分的地震动模型和一组合地震动模型。理论上，采用简谐波模拟实际的地震动并不科学：首先由简谐波加速度时程积分求取的位移时程的基线是漂移的，其次简谐波并不能体现实际地震动的增长和衰减特征。本章介绍简谐波反应谱的目的之一是认识地震动频率、持时等因素对反应谱的影响。本章所介绍的等效地震动模型符合地震动的各项特征，可以用于等效实际地震动中的频率成分。需要指出的是，这种等效仅仅建立在对地震动中某一成分的等效，并不是用于地震动模拟。模拟地震动所采用的理论方法与本章介绍的等效地震动模型之间并不相关。此外，本章的分析内容从直观上显示了双规准反应谱相对于规准反应谱的优越性。双规准反应谱能够同时消除幅值和频率成分对地震动反应谱的影响，使反应谱表现出更好的规律性。

第5章 特殊长周期地震动及其反应谱特性

5.1 引　言

从本章至第 7 章，将逐步介绍不同类型的实际地震动反应谱的特性，以及不同因素对地震动反应谱的影响。在一次地震中，断层区的震害自然是最为严重的，断层区的抗震设计也一直是地震工程和土木工程领域中研究的重点问题。研究表明，断层区地震动记录的特性明显异于其他区域的地震动记录。由于方向性效应和滑冲效应的影响，在断层区常常会记录到脉冲型地震动记录。脉冲型地震动通常具有突出的长周期特性，并能对建筑结构造成非常严重的破坏，因此一直是地震工程和土木工程领域研究的热点课题之一。而在远场区，有一类通常被称为远场类谐和地震动的特殊记录。这种记录也具有突出的长周期特性。为了与脉冲型地震动进行区分，本章将同时介绍这两种特殊类型地震动的特性。这也是本章标题定为特殊长周期地震动及其反应谱特性的原因。本章将逐步介绍脉冲型地震动的产生原因、脉冲型地震动及其反应谱特性、等效脉冲型地震动和远场类谐和地震动及其反应谱特性。

5.2　近断层脉冲型地震动

5.2.1　方向性效应

在断层破裂的前端由震源沿断层向外传播时，在破裂面的前沿产生能量积累的剪切波，当场地位于断层的一端且破裂方向朝向场地，或者破裂方向与震中到场地连线之间的夹角较小时，会在该场地产生由剪切波作用引起的起始于记录初始阶段的大脉冲型地震动，称为向前的方向性效应[34]；相反的方向则形成向后的方向性效应；若断层的破裂方向与震中到场地连线的夹角接近垂直，则该区域一般表现为中性的方向性效应。

向前的方向性效应可以用多普勒效应来解释。将断层的破裂过程看作一移动震源，当破裂到达场地时，由断层始端破裂释放出来的一部分能量也传到场地，与该场地处断层破裂释放的能量将累积在一起。当断层的破裂速度接近剪切波 S 波的波速时，这种能量积累效应将非常显著。图 5.1 所示为断层方位与不同方向性效应的关系及断层破裂的能量积累效应示意图。由于断层破裂的速度略低于剪切波 S 波的传播速度,伴随向前的方向性效应的产生,在震中至场地方向的断层面上先后形成滑移结束区、滑移区和欲滑移区,图 5.2 所示为垂直走滑断层中方向性效应作用示意图。

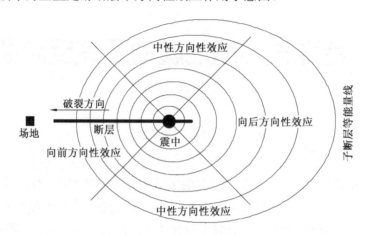

图 5.1　断层方位与不同方向性效应的关系及断层破裂的能量积累效应示意图

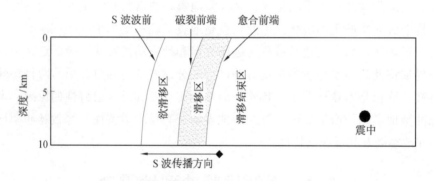

图 5.2　垂直走滑断层中方向性效应作用示意图

　　一般认为,向前的方向性效应的产生条件主要有两个:①断层破裂方向朝向场地,或夹角较小;②断层破裂速度接近场地的剪切波速。位于断层破裂最前端的场地,当发生向前的方向性效应时能量在场地处出现集中。这种集中表现为一种短时间内能量的累积,将引起冲击型的地面运动,反映在时程上就表现为幅值大、明显的脉冲波形和短持时。向前的方向性效应多出现在走滑断层地震中断层破裂的终止端,也会出现在倾滑断层地震中震中附近的场地。

　　图 5.3 所示为走滑断层型和倾滑断层型的方向性效应。两类断层地震中方向性效应作用的明显程度与断层走向和震中到场地连线之间的夹角,以及场地至震中的距离分量 L 有关。夹角越小,距离越大,向前方向性效应作用越明显。与向前的方向性效应相反,当场地位于断层破裂的反方向时,会产生长持时低幅值的地震动,称为向后的方向性效应。在后文中提到的方向性效应脉冲均指向前的方向性效应脉冲。

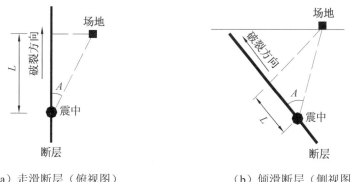

（a）走滑断层（俯视图）　　　　　　　（b）倾滑断层（侧视图）

图 5.3　走滑断层型和倾滑断层型的方向性效应

在速度时程中，方向性效应脉冲型地震动一般由一个或多个明显的速度脉冲组成，多表现为双向的速度脉冲。近年来发生的 Turkey 地震、Landers 地震、Kobe 地震和集集地震的近断层附近都观察到方向性效应的存在。图 5.4 所示为一组典型的近断层方向性效应脉冲型地震动的速度时程。可以看出这类地震动峰值速度和峰值位移较大，速度脉冲出现在记录的前端。

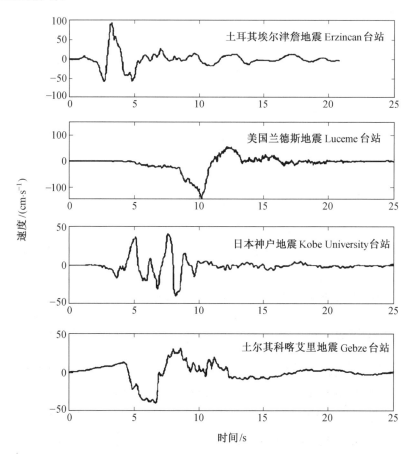

图 5.4　一组典型的近断层方向性效应脉冲型地震动的速度时程

5.2.2 滑冲效应

在垂直断层和平行断层方向均可以产生长周期脉冲型地震动。一般来讲，垂直断层方向的脉冲型地震动属近断层方向性效应作用的结果。而平行断层方向的脉冲却可以产生永久的地面位移，它是由断层的运动引起的，通常称为滑冲作用。两类脉冲都因为其波形简单、强烈，长周期性而统称为近断层脉冲型地震动，近断层脉冲型地震动都会对长周期结构产生显著的破坏作用。

与向前的方向性效应不同，滑冲效应表现为单方向的速度脉冲和阶跃式的不可恢复的地面残留位移，这种残留位移是由地震时断层上盘和下盘的相对运动引起的。滑冲效应可能表现在走滑断层地震中的平行断层方向或倾滑断层地震中的断层滑动方向。在倾滑断层地震中，滑冲效应与向前的方向性效应对垂直断层方向的分量都有贡献，两者也可能耦合在一起，但可以将两种作用分离出来，这方面的研究已有开展[82]。图 5.5 所示为滑冲效应对垂直断层和平行断层地震动分量的影响示意图。由图知，该类地震动主要表现为单向的速度脉冲和不可恢复的残留位移。

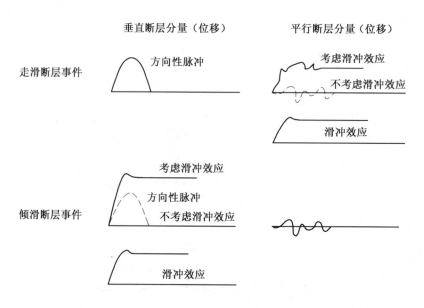

图 5.5　滑冲效应对垂直断层和平行断层地震动分量的影响示意图

5.2.3 耦合效应

地震时，强震记录仪可以同时记录到一个竖向分量和两个相互垂直的水平地震动分量。理论上，根据 3 个相互垂直的分量可以推算出空间任何方向的地震动分量。对于走滑型断层地震，当近断层的方向性效应地震动分量（C_{FN}）和滑冲效应地震动分量（C_{FP}）已知（图 5.6）时，水平面内按逆时针方向与 C_{FN} 分量的夹角为 φ 的地震动分量 C_φ 以及其垂直分量 $C_\varphi^\perp$ 在某一时间点 t_i 的地震动幅值可分别表示为

$$C_{\varphi}(t_i) = C_{\text{FN}}(t_i)\cos\varphi + C_{\text{FP}}(t_i)\sin\varphi \tag{5.1a}$$

$$C_{\varphi}^{\perp}(t_i) = C_{\text{FN}}(t_i)\sin\varphi - C_{\text{FP}}(t_i)\sin\varphi \tag{5.1b}$$

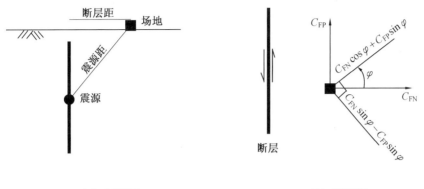

（a）剖面图　　　　　　　　　　（b）平面图

图 5.6　走滑断层地震不同方向地震动的分量关系

　　这种通过对 C_{FN} 和 C_{FP} 分量进行组合得到的地震动分量称为组合地震动分量，由方向性效应和滑冲效应地震动组合得到的地震动效应称为近断层耦合效应。当然，根据地震发生时的实际情况，由方向性效应、滑冲效应、上盘效应及竖向效应中任何两种或多种效应组合得到的地震动效应都可称为近断层耦合效应。计算发现，当 $0 < \varphi < 30°$ 或 $60° < \varphi < 90°$ 时，两耦合分量中较大的地震动峰值比较接近坐标轴方向上两分量（C_{FN} 和 C_{FP}）中峰值的较大值，即 $30° < \varphi < 60°$ 时的耦合地震动分量可能与 C_{FN} 和 C_{FP} 分量存在较大的差别，因此，本节将主要讨论 φ 为 $45°$ 时，两个正交的耦合地震动分量的特征。当 $\varphi = 45°$ 时，耦合分量 $C_{45°}$ 和 $C_{45°}^{\perp}$ （或 $C_{-45°}$）分别为

$$C_{45°}(t_i) = \frac{\sqrt{2}}{2}(C_{\text{FN}}(t_i) + C_{\text{FP}}(t_i)) \tag{5.2a}$$

$$C_{-45°}(t_i) = \frac{\sqrt{2}}{2}(C_{\text{FN}}(t_i) - C_{\text{FP}}(t_i)) \tag{5.2b}$$

　　以 Imperial valley 地震近断层台站 Holtville Post Office 为例，该台站的 C_{FN} 和 C_{FP} 分量已知（图 5.7（a）为速度平面图），可计算出耦合分量 $C_{45°}$ 和 $C_{-45°}$，这 4 个分量的速度时程如图 5.7（b）所示，图 5.7（c）给出了 4 个分量的相对速度反应谱。可以看出，耦合地震动的时程同样表现出大脉冲特征，而且 $C_{45°}$ 分量的速度幅值明显大于 C_{FN} 和 C_{FP} 分量的速度幅值；4 个分量的速度反应谱差别明显，$C_{45°}$ 分量速度反应谱在长周期段显著高于其他分量反应谱，而 $C_{-45°}$ 分量的反应谱最低。由此来看，近断层耦合效应可能比通常认为的方向性效应或者滑冲效应更为强烈，也可能更弱。因此，在近断层工程的抗震设计中有必要考虑耦合效应的影响。

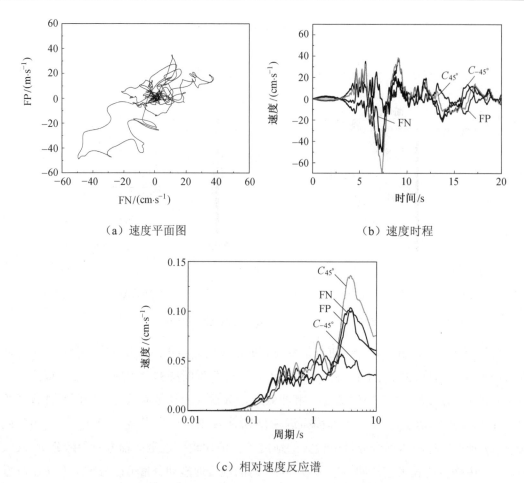

（a）速度平面图　　　　　　　　（b）速度时程

（c）相对速度反应谱

图 5.7　Holtville Post Office 台站地震动及其反应谱

PF—与断层平行方向；FN—与断层垂直方向

5.3　脉冲型地震动特性分析

5.3.1　地震动记录信息

为分析脉冲型地震动的特性，本节选取了一组典型的脉冲型地震动记录，所选取的地震动记录的详细信息见表 5.1。其中对选自中国台湾集集地震的 3 条记录进行了处理，除去包含其中的滑冲分量信息。所选记录矩震级范围为 6.1～7.6，断层距均小于 20 km。地震动记录的场地分为岩石和土层两类。岩石场地包括基岩或地表以下 20 m 范围内为土层或风化岩石，但 20 m 以下仍为基岩的场地。土层场地指剪切波速大于 180 m/s 的深土层场地，但不包括十分软弱土场地和发生液化的场地。所选近断层记录的场地、震级和断层距分布情况如图 5.8 所示。

表 5.1　近断层方向型效应脉冲型地震动资料

地震名称	台站名称	断层距 /km	场地	PGA /g	PGV /(cm·s⁻¹)	PGD /cm	T_v /s	T_{v-p} /s
美国帕克菲尔德地震	Cholame#2	0.10	土层	0.47	75.0	22.50	0.67	0.66
	Temblor	9.90	岩石	0.29	17.5	3.17	0.44	0.40
美国圣费尔南多地震	Pacoima dam	2.80	岩石	1.47	114.0	29.60	1.44	1.15
美国因皮里尔河谷地震	Brawley airport	8.50	土层	0.21	36.1	14.60	2.56	3.11
	EC County center FF	7.60	土层	0.22	54.5	38.40	3.78	3.44
	EC Meloland FF	0.38	土层	0.38	115.0	40.20	2.82	2.86
	EI Centro arrar#10	8.60	土层	0.23	46.9	31.40	3.93	3.82
	EI Centro arrar#3	9.30	土层	0.27	45.4	17.90	4.50	4.27
	EI Centro arrar#4	4.20	土层	0.47	77.8	20.70	4.31	4.00
	EI Centro arrar#5	1.00	土层	0.53	91.5	61.90	3.37	3.25
	EI Centro arrar#6	1.00	土层	0.44	112.0	66.50	3.65	3.41
	EI Centro arrar#7	10.60	土层	0.46	109.0	45.50	3.73	3.31
	EI Centro arrar#8	3.80	土层	0.59	51.9	30.80	3.98	4.00
	EI Centro diff. Array	5.30	土层	0.44	59.6	38.70	4.18	3.02
	Holtville post office	7.50	土层	0.26	55.1	33.00	4.28	4.20
	Westmorland fire sta	15.10	土层	0.10	26.7	19.20	3.93	4.71
美国摩根希尔地震	Coyote lake dam	0.10	岩石	1.00	68.7	14.10	0.73	0.71
	Gilroy array#6	11.80	岩石	0.61	36.5	6.60	1.00	1.16
美国迷信山地震	EI Centro Imp. Cent	13.90	土层	0.31	51.9	22.20	1.85	1.25
	Parachute test site	0.70	土层	0.42	107.0	50.90	2.11	1.86
美国洛玛-普雷塔地震	Gilroy-gavilan coll.	11.60	岩石	0.41	30.8	6.50	1.16	0.38
	Gilroy-historic bldg.	12.70	土层	0.29	36.8	10.10	1.33	1.47
	Gilroy array#1	11.20	岩石	0.44	38.6	7.20	1.16	0.40
	Gilroy array#2	12.70	土层	0.41	45.6	12.50	1.36	1.46
	Gilroy array#3	14.40	土层	0.53	49.3	11.00	1.46	0.48
	LGPC	6.10	岩石	0.65	102.0	37.20	2.14	0.79
	Saratoga-Aloha Ave	13.00	土层	0.38	55.5	29.40	2.31	1.55
	Saratoga-W Valley	13.70	土层	0.40	71.3	20.10	1.71	1.14

续表5.1

地震名称	台站名称	断层距/km	场地	PGA/g	PGV/(cm·s⁻¹)	PGD/cm	T_v/s	T_{v-p}/s
土耳其埃尔津詹地震	Erzincan	2.00	土层	0.49	95.5	32.10	2.27	2.23
美国兰德斯地震	Lucerne	1.10	岩石	0.78	147.0	266.20	5.39	4.30
美国北岭地震	Jensen filter plant	6.20	土层	0.62	104.0	45.20	1.99	2.86
	LA dam	2.60	岩石	0.58	77.0	20.10	1.24	1.30
	Newhall-fire Sta	7.10	土层	0.72	120.0	35.10	0.95	0.71
	Newhall-W. Pico.	7.10	土层	0.43	87.7	55.10	2.19	2.03
	Pacoimadam(down.)	8.00	岩石	0.48	49.9	6.30	0.61	0.44
	Pacoimadam(upp.)	8.00	岩石	1.47	107.0	23.00	0.89	0.73
	Rinaldi rec.Sta	7.10	土层	0.89	173.0	31.10	1.31	1.06
	Sylmar-con.Sta	6.20	土层	0.80	130.0	54.00	2.87	1.10
	Sylmar-con.Sta E.	6.10	土层	0.84	116.0	39.40	2.64	2.92
	Sylmar-olive. view	6.40	土层	0.73	123.0	31.80	1.76	2.42
日本神户地震	KJMA (Kobe)	0.60	岩石	0.85	96.0	24.50	1.91	0.86
	Kobe University	0.20	岩石	0.32	42.2	13.10	1.59	1.33
	OSAJ	8.50	土层	0.08	19.9	9.20	3.83	1.18
	Port Island (0 m)	2.50	土层	0.38	84.3	45.10	1.91	1.30
土耳其科喀艾里地震	Arcelik	17.00	岩石	0.21	42.3	44.40	6.82	5.24
	Duzce	12.70	土层	0.37	52.5	16.40	1.92	1.37
	Gebze	17.00	岩石	0.26	40.7	39.50	5.04	4.62
中国台湾集集地震	TCU052	0.20	土层	0.35	159.0	105.10	3.14	4.48
	TCU068	1.10	土层	0.57	295.9	101.40	2.41	4.06
	TCU075	1.50	土层	0.33	88.3	39.50	2.30	2.03
	TCU101	2.90	土层	0.20	67.9	75.40	5.35	8.62
	TCU102	1.80	土层	0.30	112.4	89.20	3.85	2.52
	TCU103	4.00	土层	0.13	61.9	87.60	9.52	7.19
土耳其迪兹杰地震	Bolu	17.60	土层	0.82	62.1	13.60	0.79	0.57

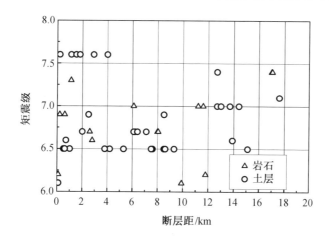

图 5.8　所选近断层记录的场地、震级和断层距分布情况

5.3.2　脉冲幅值与脉冲周期的关系

针对表 5.1 的近断层方向性效应脉冲型地震动，分别计算了它们的峰值加速度 PGA、峰值速度 PGV、峰值位移 PGD 和等效脉冲周期（T_{ep}）。等效脉冲周期是指用最大半周期速度脉冲乘 2 得到的周期值，当最大半周期脉冲起始于速度时程的起始阶段时，以 10%PGV 对应的时刻作为最大半周期的起始计算时刻，其结束时刻取最大半周期脉冲与时间轴的交点对应时刻，如图 5.9 所示。

图 5.10（a）和图 5.10（b）分别给出了 $PGAT_{ep}$ 和 PGV 的关系以及 $PGAT_{ep}$/PGV 随震级的变化关系。可以发现，岩石场地记录的 $PGAT_{ep}$/PGV 明显高于土层场地记录的 $PGAT_{ep}$/PGV；但土层场地上 $PGAT_{ep}$ 与 PGV 线性相关系数仅为 0.353，表明土层场地记录数据点的离散性大。随震级的增大，岩石场地记录的 $PGAT_{ep}$/PGV 明显增加，而土层场地的相应比率呈减小的趋势，震级小于 6.7 时土层场地的 $PGAT_{ep}$/PGV 高于岩石场地，震级大于 6.7 时的情况相反。

统计结果表明，场地和震级都是影响近断层地震动脉冲幅值与脉冲周期比值的重要因素。这种近断层地震动脉冲的特征很大程度上是场地土非线性作用的结果。研究表明，土的非线性作用是通过土中应力的改变影响场地地震动的，在近断层地区，大的地震动在土中激起较大的应力，使土的剪切刚度减小和土的阻尼比增大。剪切刚度的减小会增大土的自振周期，也会因此延长地震动的持时；而土中阻尼比的增大又会显著降低地震动脉冲的幅值，尤其是加速度脉冲的幅值（PGA）。另一方面，这种作用通常还会增大速度脉冲的幅值（PGV）和地震动脉冲的周期（T_{ep}），增大的幅度与土层的厚度和物理特性及地震动的特点有关[83]。综合考虑以上作用，场地条件和地震动强度（或震级）都会影响近断层脉冲型地震动幅值与周期的比率。

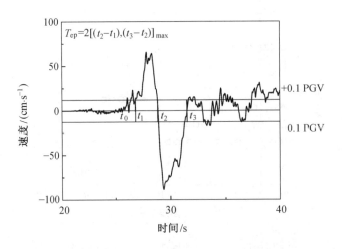

图 5.9　脉冲等效周期（T_{ep}）的确定[37]

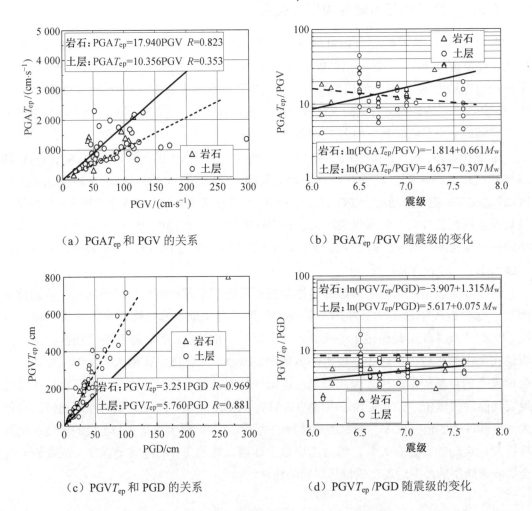

（a）$PGAT_{ep}$ 和 PGV 的关系　　　　　（b）$PGAT_{ep}/PGV$ 随震级的变化

（c）$PGVT_{ep}$ 和 PGD 的关系　　　　　（d）$PGVT_{ep}/PGD$ 随震级的变化

图 5.10　近断层地震动脉冲幅值与脉冲周期的关系

图 5.10（c）和图 5.10（d）所示分别为 $PGVT_{ep}$ 和 PGD 的关系以及 $PGVT_{ep}$/PGD 随震级的变化。对数据点的线性拟合表明，岩石场地记录的 $PGVT_{ep}$/PGD 低于土层场地记录的 $PGVT_{ep}$/PGD；两种场地上 $PGVT_{ep}$ 与 PGD 线性关系的相关性都较好；随震级的增大，岩石场地记录的 $PGVT_{ep}$/PGD 呈增大的趋势，而土层场地的相应比率几乎无变化，土层场地的 $PGVT_{ep}$/PGD 高于岩石场地，但大震级时的差别逐渐减小至零。

5.3.3　速度谱峰值周期与脉冲周期的关系

脉冲幅值与脉冲周期的比率反映的是脉冲的形状特征。以下将通过对反应谱中特殊点的分析来进一步讨论场地条件对近断层脉冲型地震动的影响。速度反应谱峰值对应周期 $T_{v\text{-}p}$ 与等效脉冲周期 T_{ep} 的一致程度可以反映速度脉冲能量在窄频范围的集中分布情况。因此本节将分析速度反应谱峰值对应周期 $T_{v\text{-}p}$ 与等效脉冲周期 T_{ep} 之间的比率。

图 5.11 所示为脉冲地震动速度谱峰值周期与脉冲周期的关系，图中给出了岩石、土层场地及全部记录的数据点和对数据点的线性拟合。可以看到两种场地的 $T_{v\text{-}p}$/T_{ep} 比率存在一定的差别，岩石场地的 T_v/T_{ep} 比土层场地的比率小 15% 左右。全部记录的比率为 0.896（相关系数 $R = 0.893$），略小于文献[37]对周期比率的统计结果。不同场地周期比率之间存在差别的原因还与脉冲的形状特征有关。无论是前文对地震动脉冲幅值与周期比率的分析，还是本节对速度谱峰值周期与脉冲周期比率的讨论都一致表明场地条件是影响近断层地震动主导脉冲形状的重要因素。

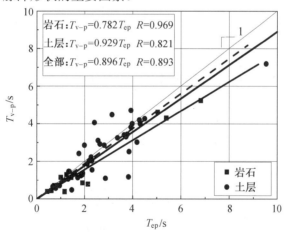

图 5.11　脉冲型地震动速度谱峰值周期与脉冲周期的关系

5.4　脉冲型地震动反应谱特性

5.4.1　规准反应谱

图 5.12 所示为 54 条脉冲型地震动采用 PGA 规准的规准加速度谱。由图 5.12 知，脉冲型地震动的加速度反应谱在周期较长时仍具有较大的谱值。对于普通类型的地震动，

其反应谱在周期约为 2 s 时便能衰减至一个较小的值。因此，脉冲型地震动中的长周期脉冲能够显著影响该类地震动的反应谱。

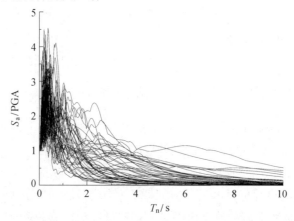

图 5.12　54 条脉冲型地震动采用 PGA 规准的规准加速度谱

图 5.13 为图 5.12 反应谱的统计参数（均值、方差和变异系数）曲线。其中

$$E\left[X\Big|_{T_n=t}\right] = \sum_{i=1}^{53} x_i\Big|_{T_n=t} / 53 \tag{5.3}$$

$$\sigma^2 = \left(\sum_{i=1}^{53}\left(x_i\Big|_{T_n=t} - E\left[X\Big|_{T_n=t}\right]\right)^2\right)/53 \tag{5.4}$$

$$C.V\Big|_{T_n=t} = \sigma\Big|_{T_n=t} / E\left[X\Big|_{T_n=t}\right] \tag{5.5}$$

由平均谱图（图 5.13（a））知：脉冲型地震动的加速度反应谱在长周期段的衰减速率较慢，在周期为 10 s 时仍具有一定的谱值。由方差图（图 5.13（b））知，脉冲型地震动反应谱的方差与其平均谱具有相似的特征，但方差曲线的波动性更为明显。由变异系数图（图 5.13（c））知，脉冲型地震动规准反应谱变异系数随周期的增大而逐渐增大，在长周期段变异系数大于 1，即标准差大于均值。

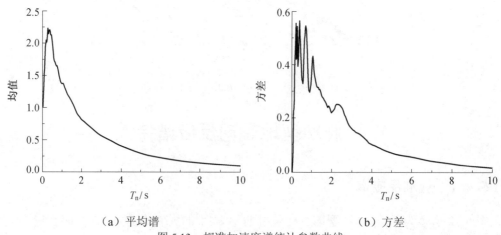

（a）平均谱　　　　　　　　　　　　（b）方差

图 5.13　规准加速度谱统计参数曲线

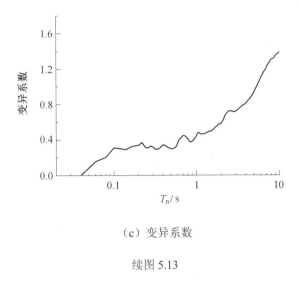

（c）变异系数

续图 5.13

5.4.2　双规准反应谱

由上节分析知，近断层地震动规准加速度谱的变异系数较大。本节将探讨脉冲型地震动双规准反应谱的特性。双规准反应谱是在规准谱的基础上继续对横轴进行规准。本节在计算双规准反应谱时，横轴采用加速度谱的峰值周期即地震动的卓越周期规准。图 5.14 所示为双规准加速度反应谱。由图 5.14 知，由于脉冲型地震动具有突出的长周期特性，其加速度反应谱在长周期段仍具有较大的谱值，再经双规准处理后，在 T/T_p 较大时，各地震动双规准谱形态仍存在明显的差异。

图 5.15 给出了图 5.14 谱曲线的统计参数（均值、方差和变异系数）。由图 5.15 知，经双规准处理后其平均谱形态发生显著变化，相对于规准反应谱，双规准反应谱的方差值的大小无明显变化，最大值仍约为 0.55，但双规准反应谱的变异系数有明显的减小，长周期段的变异系数小于 1。

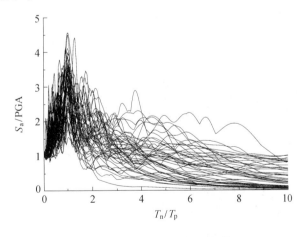

图 5.14　双规准加速度反应谱

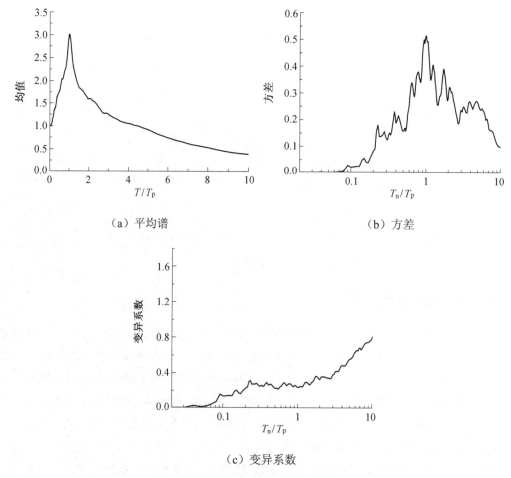

（a）平均谱

（b）方差

（c）变异系数

图 5.15　双规准反应谱统计参数图

图 5.16 给出了该 54 条脉冲型地震动规准反应谱和双规准反应谱变异系数的对比。由图 5.16 知，对于频率组成成分复杂的脉冲型地震动，其双规准反应谱的统计特性要优于其规准反应谱的统计特性。

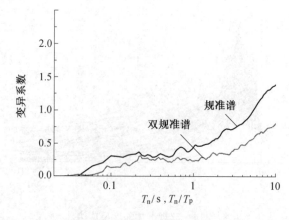

图 5.16　54 条脉冲型地震动规准反应谱和双规准反应谱变异系数的对比

5.5　等效脉冲模型

目前对近断层脉冲型地震动的研究主要包括对等效脉冲的研究[7, 84-87]和对近断层脉冲型地震动参数衰减关系的研究[82, 88-89]。研究表明[85-86, 90-91]，采用简单的函数表达式可以描述脉冲型地震动的主要脉冲特征。图 5.17 所示为集集地震 TCU045 台站 NS 分量脉冲型地震动及两简单脉冲的时程和反应谱之间的比较[92]。可以发现，尽管简单脉冲的时程表达与实际脉冲之间存在一定的差异，但不同的简单脉冲反应谱均能与实际脉冲反应谱和实际地震动反应谱较好地吻合。

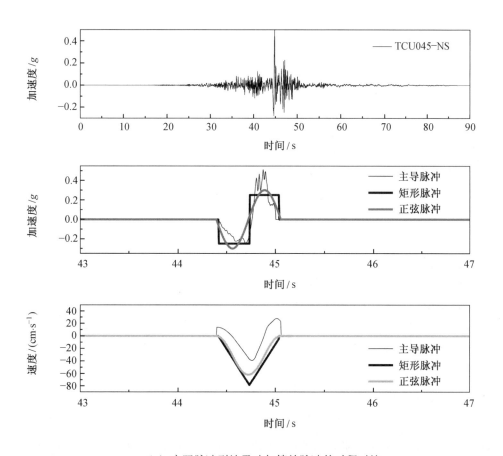

（a）实际脉冲型地震动与等效脉冲的时程对比

图 5.17　集集地震 TCU045 台站 NS 分量脉冲型地震动及两简单脉冲的时程和反应谱之间的比较

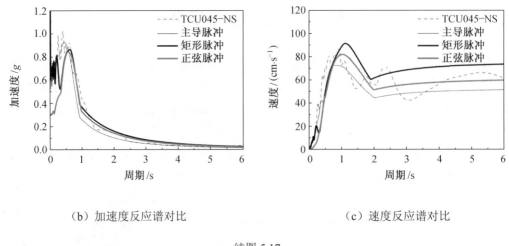

（b）加速度反应谱对比　　　　　　　　（c）速度反应谱对比

续图 5.17

5.5.1　基本等效脉冲模型

地震工程中常用的简单脉冲模型有矩形脉冲、三角函数脉冲、三角形脉冲和二次函数的"平方脉冲"[93-94]。图 5.18 所示为 4 种基本脉冲模型形态。为定量描述 4 种基本脉冲的波形，本节引入了脉冲"尖锐度"的概念。尖锐度是基本脉冲持时（T_B）与脉冲 1/2 高度时的宽度之间的比值。图 5.18 所示 4 种基本脉冲模型的尖锐度分别是 1、1.5、2 和 3.41。

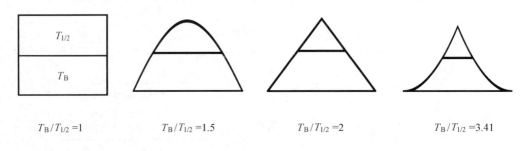

$T_B/T_{1/2}=1$　　　　　　$T_B/T_{1/2}=1.5$　　　　　　$T_B/T_{1/2}=2$　　　　　　$T_B/T_{1/2}=3.41$

图 5.18　4 种基本脉冲模型形态

需要指出，图 5.18 所示脉冲模型是加速度脉冲。在考虑近断层滑冲效应和方向性效应脉冲型地震动的特点时，可以用一正一负两基本脉冲等效滑冲效应脉冲型地震动，用两个正基本脉冲和一个中间为两倍基本脉冲面积的负脉冲等效方向性效应脉冲型地震动。表 5.2 给出了分别用这 4 种基本脉冲（BP）加速度表示的平行断层方向（Fault-parallel）的滑冲（FSP）脉冲形式和垂直断层方向（Fault-normal）的方向性效应脉冲（FDP）形式。由表 5.2 知，基本脉冲的末速度不为零，不能用于等效近断层地震动；滑冲型脉冲的末速度为零，末位移不为零；方向性效应脉冲的末速度和末位移都为零。

表 5.2　简单脉冲的描述与分类

脉冲类型		起始荷载不为零		起始荷载为零	
		1 矩形脉冲	2 正弦脉冲	3 三角脉冲	4 平方脉冲
基本脉冲（BP）	加速度				
	速度				
	位移	BP1	BP2	BP3	BP4
滑冲脉冲（FSP）	加速度				
	速度				
	位移	FSP1	FSP2	FSP3	FSP4
向前的方向性效应脉冲（FDP）	加速度	FDP1	FDP2	FDP3	FDP4

　　每一种脉冲都可以用加速度幅值 A 和持时 T_v 两个参数进行描述。本节定义滑冲加速度幅值与对应的方向性效应脉冲加速度幅值相同，滑冲持时是对应方向性效应脉冲持时的 1/2，如图 5.19 所示。根据具体脉冲的波形，可以求得脉冲的速度幅值 V 和位移幅值 D。表 5.3 列出了不同脉冲的加速度、速度和位移时程表达式。

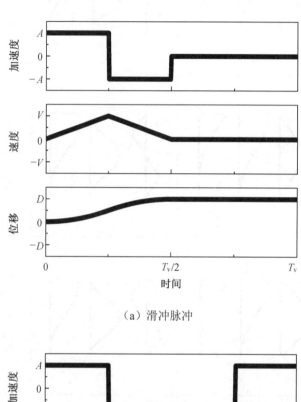

（a）滑冲脉冲

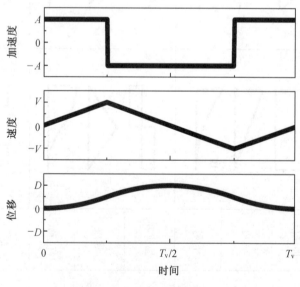

（b）向前的方向性脉冲

图 5.19　滑冲脉冲和向前的方向性脉冲

表 5.3　不同脉冲的加速度、速度和位移时程表达式

脉冲	加速度 a	速度 v	位移 d	区间 t
FSP1	$a(t)=\begin{cases}A\\-A\end{cases}$	$v(t)=\begin{cases}At\\AT_v/2-At\end{cases}$	$d(t)=\begin{cases}At^2/2\\-AT_v^2/16+AT_vt/2-At^2/2\end{cases}$	$\begin{array}{l}0\le t<T_v/4\\T_v/4\le t<T_v/2\end{array}$
FDP1	$a(t)=\begin{cases}A\\-A\\A\end{cases}$	$v(t)=\begin{cases}At\\AT_v/2-At\\-AT_v+At\end{cases}$	$d(t)=\begin{cases}At^2/2\\-AT_v^2/16+AT_vt/2-At^2/2\\AT_v^2/2-AT_vt+At^2/2\end{cases}$	$\begin{array}{l}0\le t<T_v/4\\T_v/4\le t<3T_v/4\\3T_v/4\le t<T_v\end{array}$
FSP2	$a(t)=A\sin(4\pi t/T_v)$	$v(t)=(AT_v/4\pi)(1-\cos(4\pi t/T_v))$	$d(t)=(AT_v^2/16\pi^2)(4\pi t/T_v-\sin(4\pi t/T_v))$	$0\le t<T_v/2$
FDP2	$a(t)=\begin{cases}A\sin(4\pi t/T_v)\\A\cos(2\pi t/T_v)\\-A\sin(4\pi t/T_v)\end{cases}$	$v(t)=\begin{cases}(AT_v/4\pi)(1-\cos(4\pi t/T_v))\\(AT_v/2\pi)\sin(2\pi t/T_v)\\(AT_v/4\pi)(-1+\cos(4\pi t/T_v))\end{cases}$	$d(t)=\begin{cases}(AT_v/4\pi)(t-(T_v/4\pi)\sin(4\pi t/T_v))\\(AT_v/2\pi)(T_v/8-(T_v/2\pi)\cos(2\pi t/T_v))\\(AT_v/4\pi)(T_v-t+(T_v/4\pi)\sin(4\pi t/T_v))\end{cases}$	$\begin{array}{l}0\le t<T_v/4\\T_v/4\le t<3T_v/4\\3T_v/4\le t<T_v\end{array}$
FSP3	$a(t)=\begin{cases}8At/T_v\\2A-8At/T_v\\-4A+8At/T_v\end{cases}$	$v(t)=\begin{cases}4At^2/T_v\\-AT_v/8+2At-4At^2/T_v\\AT_v-4At+4At^2/T_v\end{cases}$	$d(t)=\begin{cases}4At^3/3T_v\\AT_v^2/192-AT_vt/8+At^2-4At^3/3T_v\\-13AT_v^2/96+AT_vt-2At^2+4At^3/3T_v\end{cases}$	$\begin{array}{l}0\le t<T_v/8\\T_v/8\le t<3T_v/8\\3T_v/8\le t<T_v/2\end{array}$
FDP3	$a(t)=\begin{cases}8At/T_v\\2A-8At/T_v\\A-4At/T_v\\-3A+4At/T_v\\-6A+8At/T_v\\8A-8At/T_v\end{cases}$	$v(t)=\begin{cases}4At^2/T_v\\-AT_v/8+2At-2At^2/T_v\\At-2At^2/T_v\\17AT_v/8-6At+4At^2/T_v\\-4AT_v+8At-4At^2/T_v\end{cases}$	$d(t)=\begin{cases}4At^3/3T_v\\AT_v^2/192-AT_vt/8+At^2/2-2At^3/(3T_v)\\-11AT_v^2/192+AT_vt/64+At^2/2+2At^3/(3T_v)\\-29AT_v^2/64+17AT_vt/8-3At^2+4At^3/(3T_v)\\4AT_v^2/3-4AT_vt+4At^2-4At^3/(3T_v)\end{cases}$	$\begin{array}{l}0\le t<T_v/8\\T_v/8\le t<T_v/4\\T_v/4\le t<T_v/2\\T_v/2\le t<3T_v/4\\3T_v/4\le t<7T_v/8\\7T_v/8\le t<T_v\end{array}$
FSP4	$a(t)=\begin{cases}A(8t/T_v)^2\\A(8/T_v)^2(t-T_v/4)^2\\-A(8/T_v)^2(t-T_v/4)^2\\-A(8/T_v)^2(t-T_v/2)^2\end{cases}$	$v(t)=\begin{cases}(A/3)(8/T_v)^2t^3\\(A/3)(8/T_v)^2(t-T_v/4)^3+AT_v/12\\-(A/3)(8/T_v)^2(t-T_v/4)^3+AT_v/12\\-(A/3)(8/T_v)^2(t-T_v/2)^3\end{cases}$	$d(t)=\begin{cases}(A/3)(4/T_v)^2t^4\\(A/3)(4/T_v)^2(t-T_v/4)^4+AT_vt/12-AT_v^2/96\\-(A/3)(4/T_v)^2(t-T_v/4)^4+AT_vt/12-AT_v^2/96\\-(A/3)(4/T_v)^2(t-T_v/2)^4+AT_v^2/48\end{cases}$	$\begin{array}{l}0\le t<T_v/8\\T_v/8\le t<T_v/4\\T_v/4\le t<3T_v/8\\3T_v/8\le t<T_v/2\end{array}$
FDP4	$a(t)=\begin{cases}A(8t/T_v)^2\\A(8/T_v)^2(t-T_v/4)^2\\-A(4/T_v)^2(t-T_v/4)^2\\-A(4/T_v)^2(t-3T_v/4)^2\\A(8/T_v)^2(t-3T_v/4)^2\\A(8/T_v)^2(t-T_v)^2\end{cases}$	$v(t)=\begin{cases}(A/3)(8/T_v)^2t^3\\(A/3)(8/T_v)^2(t-T_v/4)^3+AT_v/12\\-(A/3)(4/T_v)^2(t-T_v/4)^3+AT_v/12\\-(A/3)(4/T_v)^2(t-3T_v/4)^3-AT_v/12\\(A/3)(8/T_v)^2(t-3T_v/4)^3-AT_v/12\\(A/3)(8/T_v)^2(t-T_v)^3\end{cases}$	$d(t)=\begin{cases}(A/3)(4/T_v)^2t^4\\(A/3)(4/T_v)^2(t-T_v/4)^4+AT_vt/12-AT_v^2/96\\-(A/3)(2/T_v)^2(t-T_v/4)^4+AT_vt/12-AT_v^2/96\\-(A/3)(2/T_v)^2(t-3T_v/4)^4-AT_vt/12-AT_v^2/96\\(A/3)(4/T_v)^2(t-3T_v/4)^4-AT_vt/12+7AT_v^2/96\\(A/3)(4/T_v)^2(t-T_v)^4\end{cases}$	$\begin{array}{l}0\le t<T_v/8\\T_v/8\le t<T_v/4\\T_v/4\le t<T_v/2\\T_v/2\le t<3T_v/4\\3T_v/4\le t<7T_v/8\\7T_v/8\le t<T_v\end{array}$

5.5.2　等效脉冲反应谱

为进一步探讨表 5.2 中 8 种脉冲的特征，本节分别计算它们 5%阻尼比的加速度、速度和位移反应谱。不同的脉冲反应谱分两种情况分别进行了比较。第一种情况假定 8 种脉冲的加速度幅值均为 $A = 1$，并具有相同的 T_v。考虑这一情况的原因是为了比较相同加速度幅值时脉冲持时和基本脉冲形状对反应谱的影响。第二种情况假定 8 种脉冲的速度幅值和周期分别为 $V = 1$ 和 $T_v = 1$ s。考虑这一情况的原因在于比较或估计在实际脉冲型地震动速度和周期参数给定时不同脉冲型地震动的反应谱。两种情况下 8 种脉冲的加速度、速度和位移时程比较分别如图 5.20（a）和图 5.20（b）所示。由图知：

（1）加速度幅值相同时，同一基本脉冲组成的滑冲型脉冲和方向性效应脉冲的速度幅值相同，除矩形脉冲外，滑冲型脉冲的位移幅值小于相应方向性效应脉冲的位移幅值；不同基本脉冲组成的等效脉冲的速度幅值不同，随基本脉冲尖锐度的增大，脉冲的速度幅值和位移幅值都逐渐减小。

（2）速度幅值和脉冲持时分别相等时，同一基本脉冲组成的滑冲型脉冲和方向性效应脉冲的加速度幅值相同，但随着基本脉冲形状变得尖锐，加速度幅值明显增大；除矩形脉冲外，不同基本脉冲组成的滑冲型脉冲的位移相同而且都小于相应方向性效应脉冲的位移幅值，不同基本脉冲组成的方向性效应脉冲的位移幅值随基本脉冲变得尖锐而增大。

图 5.21（a）和图 5.21（b）分别给出了两种情况下不同脉冲反应谱之间的比较。为统一进行比较，反应谱的横坐标都对脉冲周期 T_v 进行了规准化处理。规准化后的反应谱横坐标的计算相对周期（T_n/T_v）范围为 0.01～10，计算相对周期点间隔$\Delta T_n/T_v = 0.01$。同时，不同脉冲加速度、速度和位移反应谱中的峰值点对应周期（$T_{a\text{-}p}$、$T_{v\text{-}p}$ 和 $T_{d\text{-}p}$）与脉冲周期的比值（$T_{a\text{-}p}/T_v$、$T_{v\text{-}p}/T_v$ 和 $T_{d\text{-}p}/T_v$）以及加速度、速度和位移反应谱峰值点的放大系数（$\beta_{a\text{-}p}$、$\beta_{v\text{-}p}$ 和 $\beta_{d\text{-}p}$）见表 5.4。

当加速度幅值相同时，其反应谱具有如下特征：

（1）脉冲反应谱的谱值明显受基本脉冲形状的影响。在周期小于 $0.6 T_v$ 的周期段，矩形脉冲反应谱明显高于其他脉冲反应谱；由于矩形脉冲的突加荷载起始加速度不为零，因此这类脉冲的加速度放大系数在短周期段大于 1；反应谱的谱值随基本脉冲尖锐度的增大而逐渐减小。

（2）脉冲持时是影响反应谱的重要因素。在 $0.5T_v \sim 2T_v$ 的谱周期范围，方向性效应脉冲反应谱明显高于相应的滑冲脉冲反应谱，但在小于 $0.5T_v$ 时，滑冲型脉冲与相应的方向性效应脉冲反应谱之间的差别并不明显。

（3）$T_{a\text{-}p}/T_v$、$T_{v\text{-}p}/T_v$、$T_{d\text{-}p}/T_v$ 和 $\beta_{a\text{-}p}$ 都随脉冲持时的增加而增大，随基本脉冲尖锐度的增大而逐渐减小；$\beta_{v\text{-}p}$ 随持时的增加或脉冲尖锐度的增大而增大，方向性效应脉冲的 $\beta_{d\text{-}p}$ 随基本脉冲尖锐度的增大而逐渐减小。

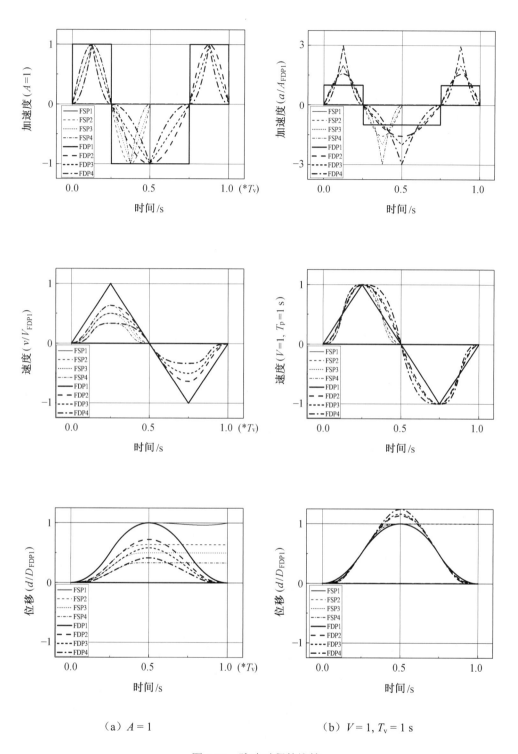

（a）$A = 1$　　　　　　　　（b）$V = 1, T_v = 1 \text{ s}$

图 5.20　脉冲时程的比较

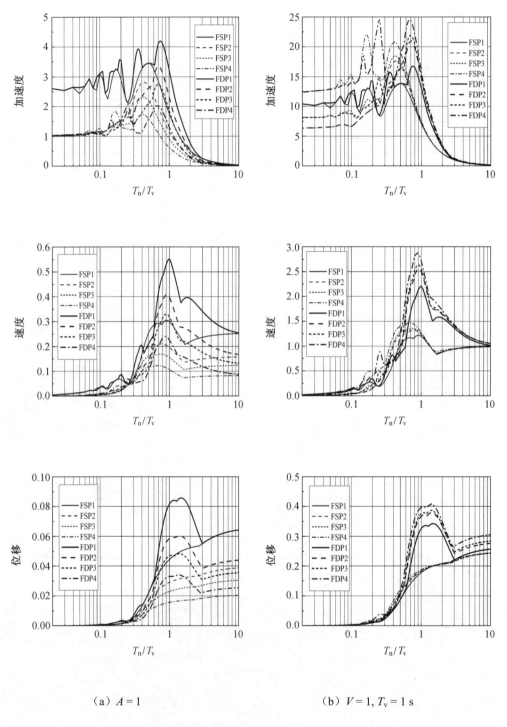

（a）$A=1$　　　　　　　　　　　（b）$V=1$，$T_v=1$ s

图 5.21　不同脉冲反应谱之间的比较（$\xi=0.05$）

表 5.4　反应谱峰值周期与脉冲周期的比值以及加速度谱峰值放大系数

比率	1 矩形脉冲		2 正弦脉冲		3 三角形脉冲		4 平方脉冲	
	FSP1	FDP1	FSP2	FDP2	FSP3	FDP3	FSP4	FDP4
$T_{a\text{-}p}/T_v$	0.51	0.75	0.43	0.70	0.42	0.69	0.41	0.68
$T_{v\text{-}p}/T_v$	0.91	0.98	0.77	0.92	0.74	0.90	0.69	0.87
$T_{d\text{-}p}/T_v$	—	1.48	—	1.41	—	1.39	—	1.37
$\beta_{a\text{-}p}$	3.45	4.19	2.81	3.35	2.31	2.74	1.73	2.04
$\beta_{v\text{-}p}$	1.22	2.20	1.33	2.56	1.36	2.64	1.47	2.88
$\beta_{d\text{-}p}$	—	1.37	—	1.34	—	1.33	—	1.31

当速度幅值和脉冲周期分别相等时，其反应谱具有如下特征：

（1）在 $0.02T_v \sim 0.2T_v$ 的周期段，矩形脉冲的反应谱低于平方脉冲反应谱，但高于三角形脉冲反应谱，正弦脉冲反应谱的谱值最小。

（2）在反应谱峰值段，反应谱的谱值随基本脉冲尖锐度的增大而明显增大；在大于 $2T_v$ 的周期段，相同类型脉冲之间的差别较小，在 $0.2T_v \sim 0.5T_v$ 段，8 种脉冲反应谱的规律性较差。

第二种情况下脉冲反应谱之间的关系与第一种情况不同。脉冲加速度幅值相同时，脉冲反应谱的谱值，尤其是反应谱共振周期段的谱值与谱周期、脉冲持时和基本脉冲的尖锐度有关；第二种情况下，相同类型脉冲反应谱之间的差别较小；另外，两种情况下脉冲反应谱谱值之间的大小关系基本上是相反的。

图 5.22 所示为不同脉冲反应谱峰值对应周期（$T_{a\text{-}p}$、$T_{v\text{-}p}$、$T_{d\text{-}p}$）与速度脉冲周期（T_v）比率的比较。可见方向性效应脉冲加速度反应谱和位移反应谱的峰值周期明显大于滑冲型脉冲的峰值周期，即持时对加速度谱和位移谱峰值周期的影响明显；但基本脉冲尖锐度对加速度谱和位移谱峰值周期的影响较小。脉冲持时对速度谱峰值周期的影响较小，4 种方向性效应脉冲位移谱峰值周期之间的差别不太明显。

图 5.23 所示为 8 种脉冲的双规准加速度反应谱。在计算双规准加速度反应谱时，其横轴采用脉冲加速度反应谱峰值周期 $T_{a\text{-}p}$ 进行规准。由图 5.23 知：

（1）横轴小于 $0.4T/T_{a\text{-}p}$ 时，矩形脉冲双规准谱明显高于其他脉冲双规准谱，但其他 3 种脉冲双规准谱之间的差别较小。

（2）横轴介于 $0.4T/T_{a\text{-}p} \sim 1.5T/T_{a\text{-}p}$ 时，双规准谱谱值随脉冲尖锐度的增大而减小；相同基本脉冲组成的方向性效应脉冲的双规准谱高于滑冲效应脉冲谱。

（3）横轴大于 $1.5T/T_{a\text{-}p}$ 时，双规准谱谱值随脉冲尖锐度的增大而减小；而相同基本脉冲组成的方向性效应脉冲的双规准谱低于滑冲效应脉冲谱，但两种脉冲的双规准谱之间的差别较小。

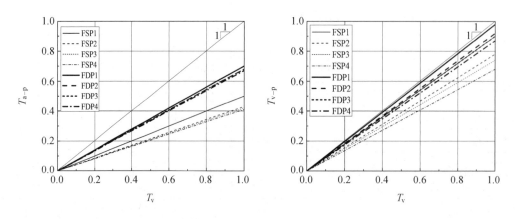

（a）加速度谱峰值周期　　　　　　　（b）速度谱峰值周期

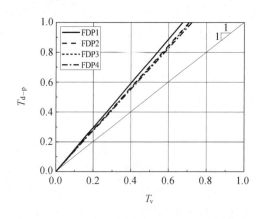

（c）位移谱峰值周期

图 5.22　不同脉冲反应谱峰值对应周期与速度脉冲周期比率的比较

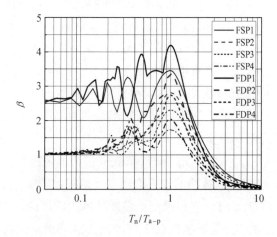

图 5.23　8 种脉冲的双规准加速度反应谱（$\xi=0.05$）

5.6　远场类谐和地震动反应谱特性

在地震工程领域，近断层脉冲型地震动和远场类谐和地震动是两种典型的长周期地震动。但由于两类地震动记录数量和震害资料匮乏以及对其破坏性认识不足，因此长期以来未能予以重视。近期发生的几起大地震逐渐引起人们对两类地震动的浓厚兴趣[29]。

这几次大地震的震害分布具有两个典型的特点：一是近断层地区的震害严重；二是中远场软弱土层场地（或盆地）的损失惨重。这些特点可以从 1999 年集集地震人员伤亡分布情况看出。近断层地震动和中远场软弱土层场地地震动都具有不同于普通地震动的显著特征，地震动的长周期特性与该地区的结构破坏具有密切关系。随着当今城市的迅速发展，中高层、超高层以及大跨结构和桥梁不断涌现，近断层和中远场软弱土层场地人们的生命财产和设施将面临更加严峻的威胁。本章前几节已详细介绍近断层脉冲型地震动及其反应谱的特性，本节将介绍远场类谐和地震动的特征。

5.6.1　远场类谐和地震动的产生原因

近断层脉冲型地震动具有幅值大、波形简单、脉冲周期长、作用时间短的特征。从图 5.24（a）所示的 1999 年集集地震 TCU068 台站的 NS 分量地震动中可以观察到近断层地震动的上述明显特征。远场软土场地类谐和地震动更为独特，图 5.24（b）所示为集集地震 ILA056 台站 EW 分量地震动，这类地震动时程的后半部分可以清晰地观察到多个循环周期的长周期波形，非常类似于谐和振动。这些类谐和振动的时间可长达几十秒。

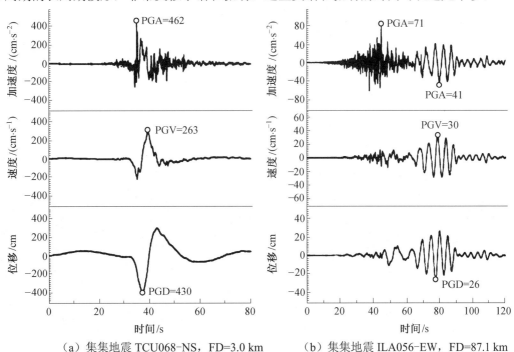

（a）集集地震 TCU068-NS，FD=3.0 km　　（b）集集地震 ILA056-EW，FD=87.1 km

图 5.24　近断层和远场长周期地震动时程曲线对比

类谐和振动阶段的加速度幅值小于实际地震动加速度时程的 PGA。但谐和振动的速度和位移幅值决定了原始地震动的 PGV 和 PGD。类谐和地震动主要是面波和场地土共同作用的结果。由面波激励和场地土放大作用共同引起的类谐和振动又称为面波效应，它主要产生于距离震源较远的厚冲击层平原或盆地。在 1985 年墨西哥地震和 1999 年集集地震中都可以观察到类谐和地震动的存在和由其引起的工程结构尤其是长周期结构破坏的例证。图 5.25 给出了图 5.24 中两条长周期地震动的傅立叶谱和规准反应谱（ξ=0.05）。近断层脉冲型和远场类谐和地震动都包含显著的低频成分。尽管近断层地震动的 PGA 显著大于远场地震动，但远场地震动规准反应谱在长周期段的谱值明显偏大。

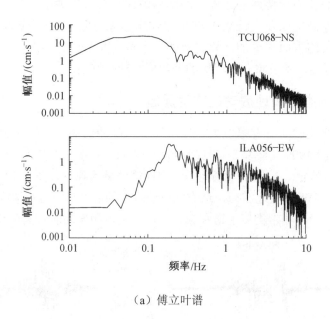

（a）傅立叶谱

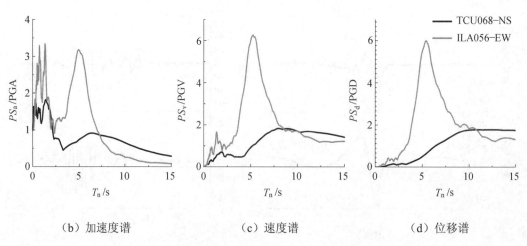

（b）加速度谱　　　　　　　（c）速度谱　　　　　　　（d）位移谱

图 5.25　近断层和远场长周期地震动的傅立叶谱和规准反应谱

5.6.2　类谐和地震动与脉冲型地震动反应谱对比

为对比脉冲型地震动与远场类谐和地震动，本章从集集地震中选取了 21 条近断层脉冲型地震动和 21 条远场类谐和地震动。其中近断层地震动的断层距均小于 15 km。远场类谐和地震动的断层距范围为 40～100 km，加速度幅值范围为 50～100 cm/s^2。所收集地震动的主要参数和台站情况见表 5.5。

表 5.5　所收集地震动的主要参数和台站情况

近断层脉冲型地震动							远断层脉冲型地震动							
台站/分量	距离	场地	PGA/(cm·s^{-2})	PGV/(cm·s^{-1})	PGD/cm	PGV/PGA	PGD/PGV	台站/分量	距离	场地	PGA/(cm·s^{-2})	PGV/(cm·s^{-1})	PGD/cm	PGV/PGA	PGD/PGV
TCU049-N	3.3	D	245	61	51	024	0.84	CHY076-W	47.7	E	70.6	24.0	20.37	0.34	0.85
TCU049-W	3.3	D	284	48	65	0.16	1.35	CHY082-N	40.5	E	61.8	24.7	25.78	0.39	1.04
TCU051-N	7.0	D	226	38	57	0.16	1.50	CHY082-W	40.5	E	65.7	20.9	20.7	0.32	0.96
TCU051-W	7.0	D	186	49	70	0.26	1.75	ILA003-N	87.2	E	68.7	13.9	13.21	0.20	0.95
TCU052-N	1.8	D	412	118	246	0.28	2.08	ILA003-W	87.2	E	57.9	21.3	12.79	0.37	0.60
TCU052-W	1.8	D	343	159	184	0.45	1.16	ILA004-N	83.9	E	64.7	26.1	19.83	0.40	0.76
TCU053-W	5.5	D	216	41	60	0.19	1.46	ILA004-W	83.9	E	76.5	29.3	24.08	0.38	0.82
TCU054-N	4.6	D	186	39	52	0.21	1.33	ILA005-N	83.0	E	75.5	15.6	13.62	0.21	0.87
TCU054-W	4.6	D	147	59	59	0.39	1.00	ILA005-W	83.0	D	70.6	20.6	20.39	0.29	0.99
TCU060-W	8.1	D	196	36	52	0.18	1.44	ILA048-N	83.4	E	72.6	23.5	16.79	0.32	0.71
TCU068-N	3.0	D	451	263	430	0.57	1.63	ILA055-N	85.6	E	65.7	23.2	21.02	0.35	0.91
TCU068-W	3.0	D	559	177	324	0.31	1.83	ILA055-W	85.6	E	73.6	29.0	22.88	0.39	0.79
TCU082-N	4.5	D	186	41	54	0.22	1.32	ILA056-N	87.1	E	71.6	30.4	25.67	0.42	0.84
TCU082-W	4.5	D	216	58	71	0.26	1.22	ILA056-W	87.1	E	76.5	33.1	28.5	0.43	0.86
TCU103-N	2.4	D	157	27	16	0.17	0.59	TAP013-W	92.5	E	92.2	19.7	16.72	0.21	0.85
TCU116-N	12.5	E	147	45	30	0.30	0.67	TCU003-N	81.2	D	74.6	21.2	21.13	0.28	1.00
TCU116-W	12.5	E	177	49	49	0.27	1.00	TCU003-W	81.2	D	54.9	37.4	46.46	0.68	1.25
TCU120-N	9.9	C	186	37	33	0.19	0.89	TCU006-W	66.3	D	55.9	36.2	56.14	0.65	1.55
TCU120-W	9.9	C	226	63	54	0.27	0.86	TCU010-N	76.1	C	72.6	19.3	23.89	0.27	1.24
TCU122-N	9.2	D	255	34	36	0.13	1.06	TCU010-W	76.1	C	86.3	31.8	46.68	0.37	1.47
TCU122-W	9.2	D	216	43	43	0.20	1.00	TCU081-W	53.2	D	73.6	44.4	49.94	0.60	1.12

地震动平均傅立叶谱的比较如图 5.26 所示。图中分别给出了表 5.5 中近断层和远场地震动加速度的平均及其±1 标准差傅立叶幅值谱及它们平均谱的比较。近断层和远场地震动的平均傅立叶谱的峰值频率分别为 0.13 Hz 和 0.19 Hz。近断层方向性效应影响下的速度脉冲的周期大于远场面波效应作用下的类谐和振动的卓越周期。两类地震动平均傅立叶幅值谱的比较显示：总体上远场谱低于近断层谱。这主要是地震动加速度幅值随距离增大而衰减的结果。但在 0.19 Hz 附近的频段，远场谱与近断层谱幅值基本接近，可见面波效应对地震动的影响十分显著。

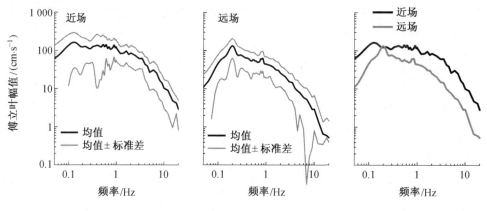

图 5.26　地震动平均傅立叶谱的比较

图 5.27 所示为两类地震动平均反应谱的对比（ξ =0.05）。由图知，远场谱总体上低于近断层谱，但在 5.1～5.5 s 的周期段，远场谱与近断层谱谱值基本接近，这一周期段恰是面波效应对远场类谐和地震动产生影响的频段。

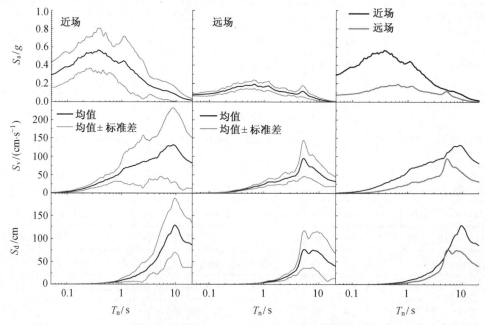

图 5.27　两类地震动平均反应谱的对比

图 5.28 所示为两类地震动平均规准反应谱的对比。由图 5.28 知：

（1）对于规准加速度反应谱，当周期小于 0.3 s 时，近断层规准谱高于远场规准谱；当周期大于 0.3 s 时，远场规准谱明显高于近断层规准谱；周期大于 10 s 时，两类地震动的规准谱值变得基本接近。

（2）对于规准速度反应谱，在大于 1 s 小于 10 s 的周期范围内，远场规准谱显著高于近断层规准谱，其他周期段的谱值差别不明显。值得注意的是远场规准谱峰值显著大于近断层规准谱峰值。

（3）对于规准位移反应谱，远场谱在 1～10 s 的范围内明显高于近断层谱，远场位移规准谱峰值显著大于近断层规准谱峰值。

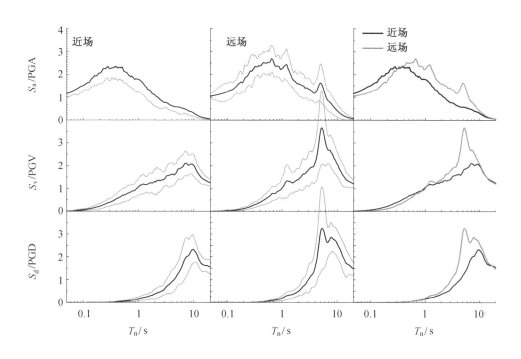

图 5.28　两类地震动平均规准反应谱的对比

5.7　本章小结

近断层脉冲型地震动和远场类谐和地震动是两类特殊的长周期地震动，这两类地震动已引起地震动工程和土木工程领域专家学者的广泛关注。这两类地震动虽然都具有显著的长周期成分，但其产生机理不同，地震动时程也存在显著差别，地震动反应谱之间也存在明显差异。由于脉冲型地震动主要集中在断层区，对建筑结构造成的破坏非常显著，目前，对脉冲型地震动的研究较多，对远场类谐和地震动的研究相对较少。对脉冲型地震动反应谱的分析知，由于不同脉冲型地震动之间存在显著的差异，其规准反应谱的变异系数非常大。虽然脉冲型地震动的双规准反应谱的变异系数仍较大，但明显小于其规准反应谱的变异系数。因此，对于具有复杂频率成分的地震动，双规准反应谱的统计特性仍优于规准反应谱的统计特性。

第6章 地下工程地震动及其反应谱特性

6.1 引　言

随着城市化的高度发展与土地资源的紧缺，地下空间的开发利用已经成为城市现代化的重要标志[95]。近年来，我国对地下空间的开发力度逐渐加大，地下工程结构的数量迅速增加。因此，地下工程结构的抗震安全和抗震设计已经成为工程界普遍关心的问题。了解地震动在地表以下沿深度的变化规律，对于半埋置或者是完全埋置于地下的工程结构的抗震安全和抗震设计有着十分重要的意义。国内外关于地下地震动的研究较多[96-100]，但这些研究多是对地下地震动幅值的研究，且主要考虑的是场地条件的影响，而从地下工程结构的抗震设计需要出发对地震动工程特征进行较系统的分析和研究尚不多见。鉴于此，本章介绍了地下地震动反应谱的特性，分别介绍了其水平向和竖直向地震动分量的加速度幅值、规准反应谱、双规准反应谱、傅立叶幅值谱和持时。

6.2 地下地震动数据资料

美国加州强震观测计划（CSMIP），是由美国加州资源保护部（California Department of Conservation）矿业与地质管理处（Division of Mines and Geology）负责管理的在加州地区的两个强震研究计划之一。该强震观测计划始于 1972 年，目的是通过建立强震观测台网为工程和科研机构提供地震动数据。

本节采用的地震动记录选自美国加州强震观测计划土工台阵（Geotechnical Array）记录到的 120 条记录，每条记录包括 NS、EW 和 UP 3 个分量。CSMIP 有 6 个土工台阵，每个台阵包括地表处和钻孔内不同深度测点记录到的地震动数据。各台阵的场地条件、测点深度与地震计通道数见表 6.1。其中 El Centro、Eureka Samoa、La Cienega、Vinc Thomas E 和 Vinc Thomas W 5 个台阵的场地条件很相近，均是较厚的冲积层场地，本节将它们划分为土层场地；而 Treasure Island 台阵的场地上部为填土和冲积层，下部为基岩，本节称这种台阵为土层/基岩型台阵。Treasure Island 台阵场地的 S 波波速在地表处约为 250 m/s，在地下 90 m 处增至 650 m/s，其 S 波和 P 波波速如图 6.1 所示[100]。5 个土层场地台阵的地表 S 波波速约为 150 m/s，在地下 100 m 处达到 500 m/s 以上。其中 La Cienega 台阵的 S 波和 P 波波速如图 6.2 所示[100]。

表 6.1　CSMIP 各台阵的场地条件、测点深度与地震计通道数

编号	台站	通道	测点数	测点深度/m	场地
1	El Centro	12	4	0、−30、−100、−195	土层
2	Eureka Samoa	15	5	0、−19、−33、−56、−136	土层
3	La Cienega	12	4	0、−18、−100、−252	土层
4	Treasure Island	21	7	0、−7、−16、−31、−44、−104、−122	土层/基岩
5	Vinc Thomas E	12	4	0、−18、−46、−91	土层
6	Vinc Thomas W	21	6	0、−15、−30、−30、−91、−189	土层

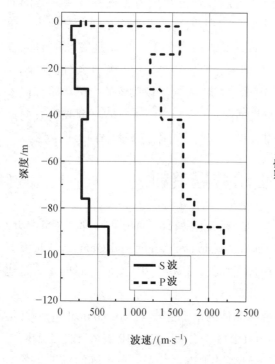 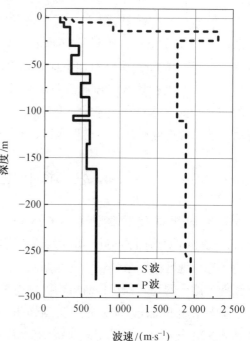

图 6.1　Treasure I.台阵 S 波和 P 波波速　　　图 6.2　La Cienega 台阵 S 波和 P 波波速

　　CSMIP 的 6 个台阵共记录到 30 次地震，其中 El Centro 台阵记录到 5 次地震，Eureka Samoa 台阵记录到 3 次地震，La Cienega 台阵记录到 14 次地震，Treasure Island 台阵记录到 6 次地震，Vinc Thomas E 台阵记录到 1 次地震，Vinc Thomas W 台阵记录到 1 次地震，其震级与震中距的分布情况如图 6.3 所示。

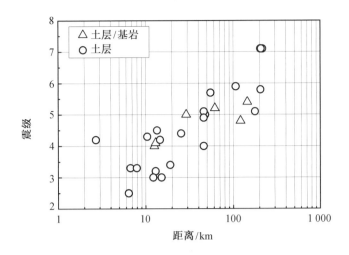

图 6.3　CSMIP 记录的台阵震级与震中距的分布情况

6.3　地下地震动加速度幅值变化规律

为了研究地震动加速度幅值沿深度的变化规律，本节以地表测点的加速度幅值为基准，将地下各深度测点的加速度幅值与之相比，得到各测点相对于地表的幅值比。以地表的幅值为基准，一方面可以减小相对误差，因为地表测点的峰值一般大于下部的测点，如果地下深处测点的数据有误差，将其除以地表地震动幅值后，可以降低相对误差；另一方面，地表的地震动观测资料比起地下要丰富得多，这样就可以根据已有的地表地震动的衰减规律推测地下不同深度的地震动加速度幅值。

根据台阵的场地条件，计算各测点相对于地表测点的加速度幅值比，将相同深度测点的各次地震的幅值比平均，得到沿深度变化的幅值比平均值，再用非线性最小平方拟合方法，对幅值比平均值离散点进行拟合，得到沿深度变化的幅值比拟合曲线。本节在研究各深度幅值时取两个水平分量的均值为水平分量的值。在对离散点进行非线性拟合时，采用了仅包含两个拟合系数 a、b，而且过（1,0）点的拟合模型：

$$y=a(\mathrm{e}^{-\frac{x}{b}}-\mathrm{e}^{-\frac{1}{b}}) \tag{6.1}$$

式中，y 为深度；x 为幅值比。

图 6.4 所示为加速度幅值比沿深度的变化情况及与拟合结果的对比图。表 6.2 给出了拟合系数的值，为了反映拟合效果的优劣程度，还给出了决定系数 R^2 的值。决定系数 R^2 指在因变量的变差中用该模型能够解释的部分的比例，即"已解释变差/总变差"，它是判断拟合结果优劣的一个重要指标，越接近 1 说明选用模型越好。与文献[96, 97]相比，本节选取的拟合模型包含的拟合系数少，而且考虑到地表处加速度幅值比为 1 的实际情况，拟合决定系数表明拟合效果较好。

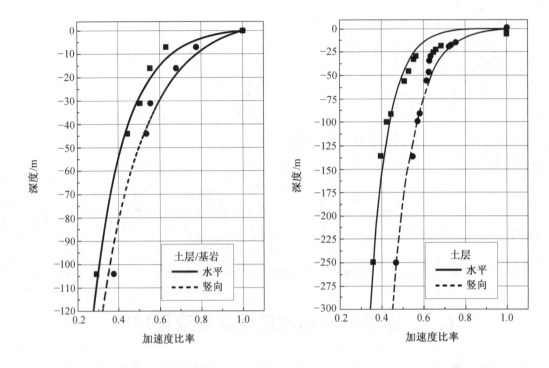

（a）土层/基岩场地　　　　　　　　　　　（b）土层场地

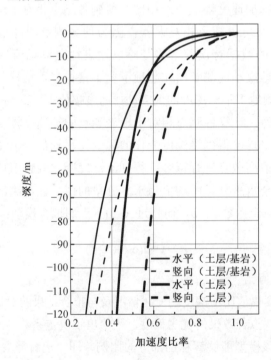

（c）与拟合结果的对比

图 6.4　加速度幅值比沿深度的变化情况及与拟合结果的对比图

表 6.2　加速度幅值比拟合系数

场地	分量	a	b	R^2
土层/基岩	水平	−660	0.162	0.962
	竖直	−532	0.221	0.975
土层	水平	−17 135	0.085	0.936
	竖直	−19 782	0.107	0.951

由图 6.4 可以看出地下地震动加速度幅值的变化规律如下：

（1）地下地震动加速度幅值随深度的增加而减小，幅值的变化主要集中在地下 50 m 以内的浅层，此范围内幅值可下降到地表幅值的一半，而此深度恰是许多普通地下工程结构的所处范围，应引起充分的关注。在深度 50 m 以下，幅值随深度的变化较缓慢。

（2）土层/基岩场地的加速度幅值随深度变化的速度比土层场地幅值的变化速度快，在地下 50 m 深度处，两种场地上水平分量地震动的加速度幅值分别下降到地表幅值的 0.4 和 0.5 倍。

（3）随深度增大，地震动的水平分量比竖直分量的幅值变化迅速，以土层场地的情况为例，在地下 50 m 处，水平分量和竖直分量的加速度幅值分别为地表幅值的 0.5 和 0.64 倍。

（4）本节还发现震级对加速度幅值沿深度的变化有一定的影响，震级越大，幅值沿深度的变化幅度也越大。

6.4　地下地震动反应谱变化规律

考虑场地条件对地下地震动的影响，本节将选取的地震动按场地条件分为土层/基岩和土层两类，并将不同场地的地震动再按深度范围分类。由于各台阵的测点数量和测点深度并不完全相同，本节将选取的地震动记录按深度划分为 4 个区间，不同场地不同深度范围的地震动记录数量见表 6.3。同一记录的两水平分量看作两条独立的地震动。计算反应谱时，$\xi = 0.05$。分别计算不同场地上水平分量和竖直分量地震动的平均规准反应谱。以地表地震动平均规准谱为基准，得到不同深度的平均规准谱与地表平均谱的谱比，观察两类场地上规准反应谱随深度的变化规律。为了考查地下地震动反应谱的统一特征，将不同场地不同深度范围的双规准反应谱分别进行平均，再将平均结果相比较。

表 6.3　地震动按场地和深度范围分类(记录数量)

场地类别	深度范围/m			
	$D=0$	$-30 < D < 0$	$-60 < D \leqslant -30$	$D \leqslant -60$
土层/基岩	6	12	12	8
土层	23	18	12	29

6.4.1　地下地震动规准反应谱

图 6.5 所示为不同场地、不同深度范围地震动的平均规准谱与地表平均谱的比率
（β_d/β_0），可以看出规准反应谱沿深度有以下变化特征：

（1）深度对规准反应谱有明显的影响，不论是土层/基岩还是土层场地，在大于 1 s
的长周期段，地下地震动的规准谱都明显高于地表地震动规准谱。在小于 1 s 的周期段，
深度的影响不明显。

（2）土层/基岩场地上（图 6.5（a）、图 6.5（b）），水平向与竖向地震动规准谱沿
深度的变化特点不同。在大于 1 s 的长周期段，地表以下水平向地震动规准谱与地表平均
谱的比率随深度的增加而减小，0 至地下 30 m 内的规准谱值约是地表谱值的 1.5 倍，地
下 30～60 m 内的谱值约是地表谱值的 1.25 倍。在 1～2 s 的周期段，60 m 深度以下规准
谱的谱值小于地表谱谱值；在大于 2 s 的周期段，接近地表谱的谱值。而竖向分量地震动
的规准谱在大于 1 s 的长周期段，以 60 m 以下地震动的谱值为最大，地表谱的谱值最
小，其他深度的谱值居中。

（3）土层场地上（图 6.5（c）、图 6.5（d）），水平向与竖向地震动规准谱沿深度
的变化规律相类似。在长周期段，地下 30～60 m 范围地震动的规准谱谱值是地表谱谱值
的 2 倍多，而 0～30 m 内的谱值与地表谱的谱值相当，60 m 以下规准谱的谱值约是地表
谱谱值的 1.5 倍。

不考虑深度的影响，本节分别对两类场地上水平和竖向地震动的规准反应谱进行了
平均，图 6.6 所示为它们之间的比较结果及与规范设计谱谱形的比较。可以发现：

（1）场地条件对规准谱的影响明显，而分量方向对规准谱的影响较小（图 6.6（a）），
表现在不同场地的规准谱差别较大，而相同场地上不同方向分量的规准谱谱形较为一
致。在小于 1 s 的周期段，土层/基岩场地的谱值高于土层场地的谱值；而在大于 1 s 的长
周期段，土层场地的谱值明显高于土层/基岩场地的谱值。

（2）由于分量方向对规准谱的影响较小，本节将地震动规准反应谱再按场地进行平
均。考虑到两类场地的不同特点，分别选取《建筑抗震设计规范》（GB 50011—2001）
中第二组设计地震的Ⅳ类（$T_g = 0.75$ s）、Ⅱ类场地（$T_g = 0.40$ s）的设计谱谱形与本节土
层/基岩和土层场地的平均谱进行比较（图 6.6（b）），发现土层场地的平均规准谱略低
于规范谱（$T_g = 0.40$ s），而土层/基岩场地的平均谱在大于 0.5 s 的周期段明显低于规范
谱（$T_g = 0.75$ s）。

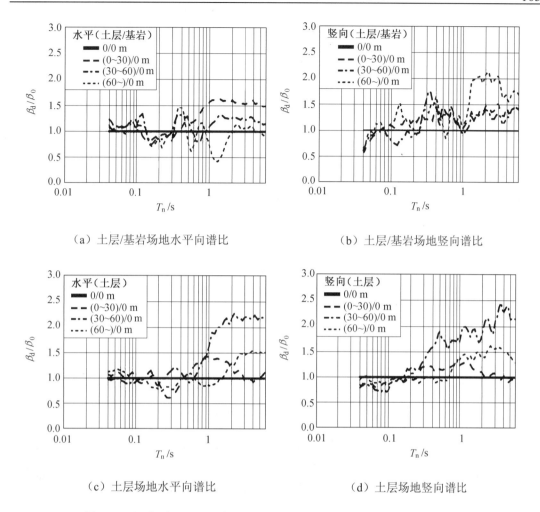

（a）土层/基岩场地水平向谱比　　　　　　　（b）土层/基岩场地竖向谱比

（c）土层场地水平向谱比　　　　　　　　　（d）土层场地竖向谱比

图 6.5　不同场地、不同深度范围地震动的平均规准谱与地表平均谱的比率

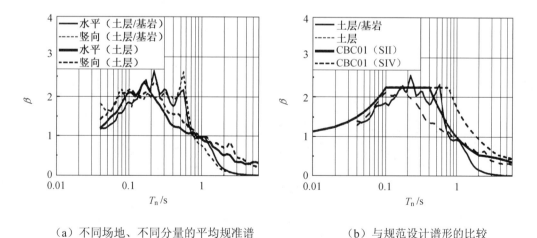

（a）不同场地、不同分量的平均规准谱　　　　（b）与规范设计谱形的比较

图 6.6　平均规准反应谱及与规范设计谱谱形的比较

6.4.2　地下地震动双规准反应谱

不同场地、不同深度水平向地震动的双规准谱如图 6.7 所示。由图 6.7 知，不同深度的双规准反应谱都比较近似。鉴于此，本节将不同深度的双规准谱做了总平均。图 6.8 （a）给出了两种场地不同分量地震动的平均双规准谱。可以发现，两种场地、不同方向分量地震动的平均双规准谱之间的差别都较小。因此，可以认为深度、场地条件和分量方向对地下地震动双规准谱的影响都很小。

既然不同深度、不同场地、不同方向分量地震动的双规准反应谱都很接近，就可以忽略这些因素的影响，将所有地震动的双规准反应谱进行总平均，观察地震动的统一特征。图 6.8 （b）给出了双规准反应谱的总平均曲线，根据平均曲线的特点，本节给出了一个简单的双规准谱的模型：

$$\beta = \begin{cases} 1 + 2.5(T_n / T_p), & 0 < T_n / T_p \leqslant 1 \\ 3.5(T_n / T_p)^{-1}, & T_n / T_p > 1 \end{cases} \tag{6.2}$$

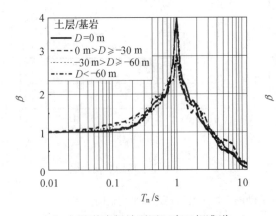
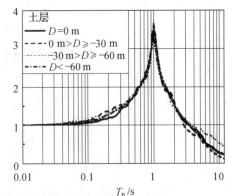

（a）土层/基岩场地不同深度双规准谱　　　　（b）土层场地不同深度双规准谱

图 6.7　不同场地、不同深度水平向地震动的双规准谱

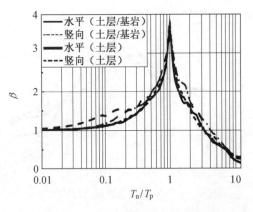
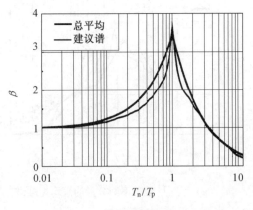

（a）不同场地、不同深度的双规准谱　　　　（b）不同场地的双规准谱

图 6.8　不同场地、不同深度地震动的双规准谱和建议谱

6.5　地下地震动的频谱和持时

　　地震动的频谱和持时都是反映地震动工程特征的要素。傅立叶谱是地震工程中常用来分析地震动频谱特性的工具。通过地震动傅立叶谱的分析，可以了解地震动在频域内的能量分布情况。持时可以使结构产生积累损伤和破坏，还可能影响到场地土的液化，本研究采用相对能量持时的概念[75]讨论地震动的持时特征。本节以土层/基岩场地上 Treasure Island 台阵的地震动为例，分别给出平均傅立叶谱比和平均持时比沿深度的变化特征。与以上对加速度幅值和反应谱的研究方法不同，在对傅立叶谱和持时的分析中，将以地下深处的基岩地震动为基准，将不同深度的傅立叶谱或持时与其相比，得到不同深度地震动的傅立叶谱比和持时比率。采用基岩地震动为基准的原因在于 Treasure Island 台阵地下 122 m 处属基岩场地，这样以基岩地震动为基准更能反映基岩地震动和场地土的固有频谱特征。

　　图 6.9 和图 6.10 给出了 Treasure Island 台阵 6 次地震的地震动在地下 0 m、7 m、16 m、31 m、44 m、104 m 和 122 m 处相对于深度 122 m 的傅立叶谱比和持时比率。可见傅立叶谱和持时沿深度的变化有以下特征：

　　（1）各深度相对于地下深处基岩的傅立叶谱比出现若干峰值，峰值对应频率分别为 0.8 Hz、1.9 Hz、3.4 Hz、4.5 Hz、5.7 Hz 和 6.7 Hz，其中以 0.8 Hz 对应的峰值最为显著，深度越浅峰值越大。

　　（2）地下 16 m 以内的各谱比之间比较接近；地下 31～44 m 的谱比之间也比较接近；100 m 以下基岩内的谱比之间比较接近，大致与纵坐标为 1 的平直线相吻合。

　　（3）地下地震动的傅立叶谱明显受到深度和土层分层特点的影响。基岩内地震动的频率成分变化很小，基岩以上各测点深度大于 5 Hz 的高频分量明显减少。

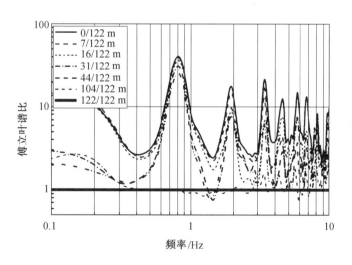

图 6.9　Treasure Island 台阵地震动的傅立叶谱比

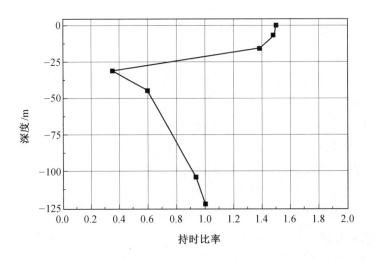

图 6.10　Treasure Island 台阵地震动的持时比率

（4）持时的变化以地下 31 m 处为明显的分界点。地表至地下 31 m 范围内，持时比率随深度加大从 1.5 减小到 0.35；地下 31～122 m 的范围，持时比由 0.35 逐渐增加到 1。两个基岩内的测点（104 m、122 m）的持时有小幅度的变化。

6.6　本章小结

地震动加速度幅值随深度的增加而减小，幅值在浅层的变化速度比深层快，幅值的变化还与场地、分量方向、震级等因素有关。深度对规准反应谱的影响明显，地下地震动规准反应谱长周期段的谱值不低于地表规准谱的谱值。深度、场地条件和分量方向对双规准反应谱的影响很小。同时，地下工程地震动的双规准谱也表现出较好的一致性。地下地震动的傅立叶谱和持时明显受到深度和土层分层特点的影响。深层基岩内地震动的频率成分和持时变化较小。傅立叶幅值谱比随深度的增加而减小，地表地震动的持时最大，在浅层（深度约 30 m 范围）迅速下降到深层基岩地震动持时水平的 1/3，在深层范围逐渐增大到基岩内地震动持时的水平。

第7章 不同因素对地震动反应谱的影响

7.1 引　　言

第 4~6 章逐步介绍了简谐地震动模型、等效地震动模型、近断层脉冲型地震动、远场类谐和地震动和地下工程地震动的参数特征和反应谱特性。如第 1 章绪论所述，震级、场地和距离等是影响地震动反应谱的重要因素。在目前关于地震动反应谱或设计谱的研究论文中，研究者均会将地震动按照震级、场地和距离等因素进行分类，然后分析不同类别地震动的参数特征和反应谱特性，所给出的设计谱参数或回归表达式也均与这些因素相关。鉴于此，本章将系统阐述震级、场地和距离对水平地震动分量反应谱的影响。考虑到竖向地震动会对某些特殊类型的结构造成显著破坏，本章也将介绍竖向地震动反应谱的特性，以及水平向地震动和竖向地震动之间的幅值关系。本章最后将以集集地震动为数据基础，介绍上、下盘效应对规准反应谱和双规准反应谱的影响。本章分析将进一步说明双规准反应谱的统计特性要优于规准反应谱的统计特性。

7.2 强震记录资料

为分析震级、场地和距离等因素对地震动反应谱的影响，本章的分析内容以世界范围内 1952~1999 年间 33 次地震中的强震记录作为数据基础，表 7.1 列出了所选取记录的地震名称与地震动记录数量。所选取的地震动记录分别出自美国伯克利太平洋地震工程研究中心（PEER）数据库、中国地震局工程力学研究所（IEM）强震数据库和文献[101]提供的集集地震记录资料。此外，在计算反应谱时，阻尼比取 0.05，反应谱周期介于 0.04~6 s，双规准反应谱横坐标介于 0.01~12。

由于定义了地震动反应谱的计算周期范围为 0.04~6 s，对于相应的地震动加速度需要其有效频带宽度不小于 0.17~25 Hz，否则会影响到地震动反应谱值的精确度，尤其是其长周期段反应谱幅值的精确度。这种要求对于 20 世纪 90 年代以来的数字式地震动记录均可以满足，如集集地震动记录的有效频带宽可达 0.1~50 Hz 以上，但对一些较早期的模拟地震动记录并不能满足这一要求，进行数字化处理后的最长有效周期为 5~6 s[102]。

表 7.1 地震动记录信息

地震名称	发生地点	发生时间	矩震级	记录数量
克恩县地震	加利福尼亚	1952-07-21	7.4	5
帕克菲尔德地震	加利福尼亚	1966-06-28	6.1	4
圣费尔南多地震	加利福尼亚	1971-02-09	6.6	4
奥罗维尔地震	加利福尼亚	1975-08-08	4.7	9
唐山余震	中国	1976-08-31	4.3	3
凯奥蒂湖地震	加利福尼亚	1979-08-06	5.8	4
因皮里尔河谷地震	加利福尼亚	1979-10-15	6.5	37
利弗莫尔谷地震	加利福尼亚	1980-02-24	5.8	5
利弗莫尔谷地震	加利福尼亚	1980-02-27	5.8	6
安扎河地震	加利福尼亚	1980-02-25	4.9	5
马麦斯湖地震	加利福尼亚	1980-05-27	4.9	13
威斯特摩兰地震	加利福尼亚	1981-04-26	5.6	5
科灵加地震	加利福尼亚	1983-05-02	6.4	40
科灵加地震	加利福尼亚	1983-05-02	5.3	5
科灵加地震	加利福尼亚	1983-07-09	5.2	13
科灵加地震	加利福尼亚	1983-07-22	4.9	2
摩根希尔地震	加利福尼亚	1984-04-24	6.2	16
棕榈泉地震	加利福尼亚	1986-07-08	5.9	13
惠提尔地震	加利福尼亚	1987-10-01	6.0	38
澜沧地震	中国	1988-11-11	4.5	2
耿马地震	中国	1988-11-11	5.0	1
耿马地震	中国	1988-11-18	4.2	2
耿马地震	中国	1988-11-20	4.6	1
澜沧地震	中国	1988-11-27	6.3	1
澜沧地震	中国	1988-11-29	4.0	2
洛玛-普雷塔地震	加利福尼亚	1989-10-18	6.9	42
派多利亚地震	加利福尼亚	1992-04-25	7.2	5
兰德斯地震	加利福尼亚	1992-06-28	7.3	31
北岭市地震	加利福尼亚	1994-01-17	6.7	70
神户地震	日本	1995-01-16	6.9	11
科喀艾里地震	土耳其	1999-08-17	7.4	14
集集地震	中国台湾	1999-09-21	7.6	110
迪兹杰地震	土耳其	1999-11-12	7.1	12

所选取的地震动记录按场地条件分为 4 类，分别为硬基岩或基岩（SⅠ）、软基岩或坚硬土（SⅡ）、硬土（SⅢ）与软土（SⅣ）（表 7.2）。这种场地分类方法大致与美国 UBC 97 规范中的 SA+SB、SC、SD 与 SE 类场地相对应。其中 SⅠ类场地 131 条，占总记录数量的 24.7%；SⅡ类场地 128 条，占 24.1%；SⅢ类场地 128 条，占 24.5%；SⅣ类场地 128 条，占 26.7%。每一类地震动记录的详细分布信息见表 7.3。

表 7.2　场地分类

场地类别	场地描述	剪切波速/(m·s⁻¹)	记录数量
SⅠ	硬基岩或基岩	$v_s > 760$	131
SⅡ	软基岩或坚硬土	$760 \geqslant v_s > 360$	128
SⅢ	硬土	$360 \geqslant v_s \geqslant 180$	130
SⅣ	软弱土	$180 > v_s$	142

表 7.3　每一类地震记录的详细分布信息

分类范围	记录数量			
	SⅠ	SⅡ	SⅢ	SⅣ
$M_w \leqslant 5$	26	1	5	8
$5 < M_w \leqslant 6.5$	80	39	14	54
$6.5 < M_w$	25	88	111	80
$ED \leqslant 20$ km	73	19	30	20
20 km $< ED \leqslant 50$ km	42	51	35	55
50 km $< ED$	16	58	65	67

所选取的每条地震动记录均包括 2 条水平向分量和 1 条竖向分量，共 1 062 条水平地震动和 531 条竖向地震动，地震动震级范围为 4.0～7.6 级。不同场地上地震动的震级和震中距分布如图 7.1 所示。

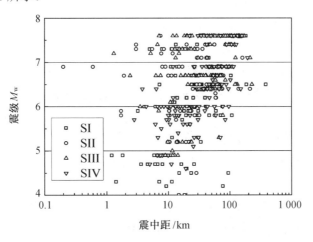

图 7.1　不同场地上地震动的震级和震中距分布

图 7.2 所示为不同震级范围内地震动数量的分布图。由于最近发生的集集地震和土耳其地震中获得了大量的地震动记录，考虑到地震动数量震级分布的悬殊，本章仅选取了集集地震中的 110 条记录（占总数的 20.7%），这样仍然使震级大于 6.5 级的地震动数量达到 304 条，占地震动总数的 57.3%。本章选取的大多数地震动记录来自于自由场地上，个别记录位于楼房三层楼（10 m）以下高度。

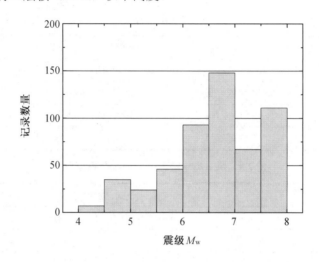

图 7.2   不同震级范围内地震动数量的分布图

7.3   水平向地震动反应谱

7.3.1   场地条件的影响

场地土的刚度和厚度可以改变地震动的持时和频率组成。因此，场地条件对地震动规准和双规准反应谱的影响非常突出。本章计算了 4 类场地上地震动的加速度规准反应谱和双规准反应谱。图 7.3 所示为不同场地的平均规准谱、平均双规准谱、标准差和变异系数曲线。由图 7.3 可以看出：

（1）不同场地上的平均规准谱有明显的差别。场地土越软，平均规准谱高频段的谱值越小，而中低频段的谱值越大；不同场地上平均规准谱的峰值无明显的变化规律（表7.4）。

（2）不同场地上的平均双规准谱在横坐标小于 2 的部分的谱值十分接近，在大于 2 的部分谱值随场地的变软有增大的趋势；平均双规准谱的峰值随场地的变软逐渐减小（表7.4）。

（3）不同场地上规准谱和双规准谱标准差的峰值都出现在其平均谱的峰值处，不同场地上规准谱的标准差之间差别明显，而双规准谱标准差之间的差别明显小于规准谱之间的差别。

（4）两种谱的变异系数都大致随横坐标的增大而增大；不同场地上规准谱的变异系数曲线之间差别明显，双规准谱变异系数曲线之间的差别很小；双规准谱平均谱峰值处的变异系数小于平均规准谱峰值处的变异系数。

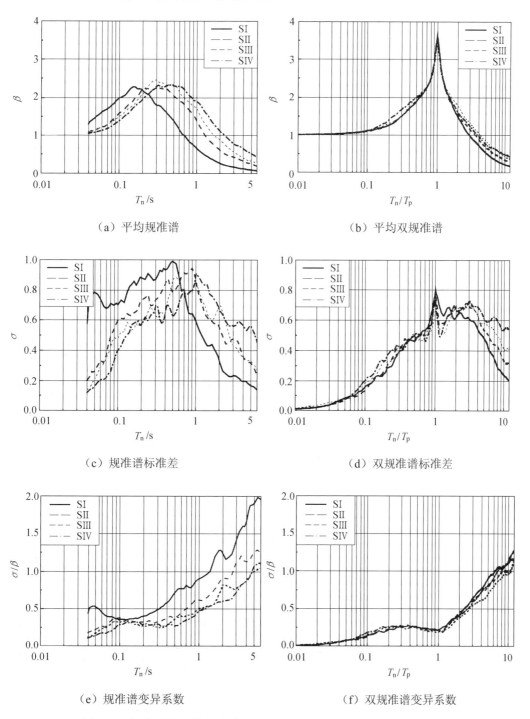

（a）平均规准谱　　　　　　　　　　　（b）平均双规准谱

（c）规准谱标准差　　　　　　　　　　（d）双规准谱标准差

（e）规准谱变异系数　　　　　　　　　（f）双规准谱变异系数

图 7.3　不同场地的平均规准谱、平均双规准谱、标准差和变异系数曲线

表 7.4　场地条件对平均规准谱与平均双规准谱峰值（$\beta_{\max}$）的影响

场地类别	S I	S II	SIII	SIV	平均	备注
规准谱	2.288	2.267	2.460	2.339	2.206	P_m=0.268
双规准谱	3.652	3.579	3.529	3.476	3.557	P_m=0.125

　　为了进一步反映场地条件对地震动加速度规准谱和双规准谱的影响，本章还计算了全部地震动水平分量的两种平均谱、标准差和变异系数，如图 7.4 所示。由图 7.4 知，平均规准谱与平均双规准谱的主要区别在于前者由光滑而且"矮胖"的曲线组成，后者由两段光滑曲线和一尖锐峰值组成且形状相对"苗条"。从变异系数曲线来看，双规准谱的离散性明显小于规准谱。全部地震动记录平均规准谱的峰值（2.206）小于各类场地上平均谱的峰值，这一特征还说明地震动记录越多，场地范围越宽，其平均规准谱的峰值也越小。事实上，在对规准谱的平均过程中，一方面将反应谱曲线进行了光滑化，另一方面也削平了反应谱的峰值，在一定程度上掩盖了工程中所关注的最大放大系数 $\beta_{\max}$ 的特性。这是规准反应谱研究中存在的一个普遍性的问题[15]。

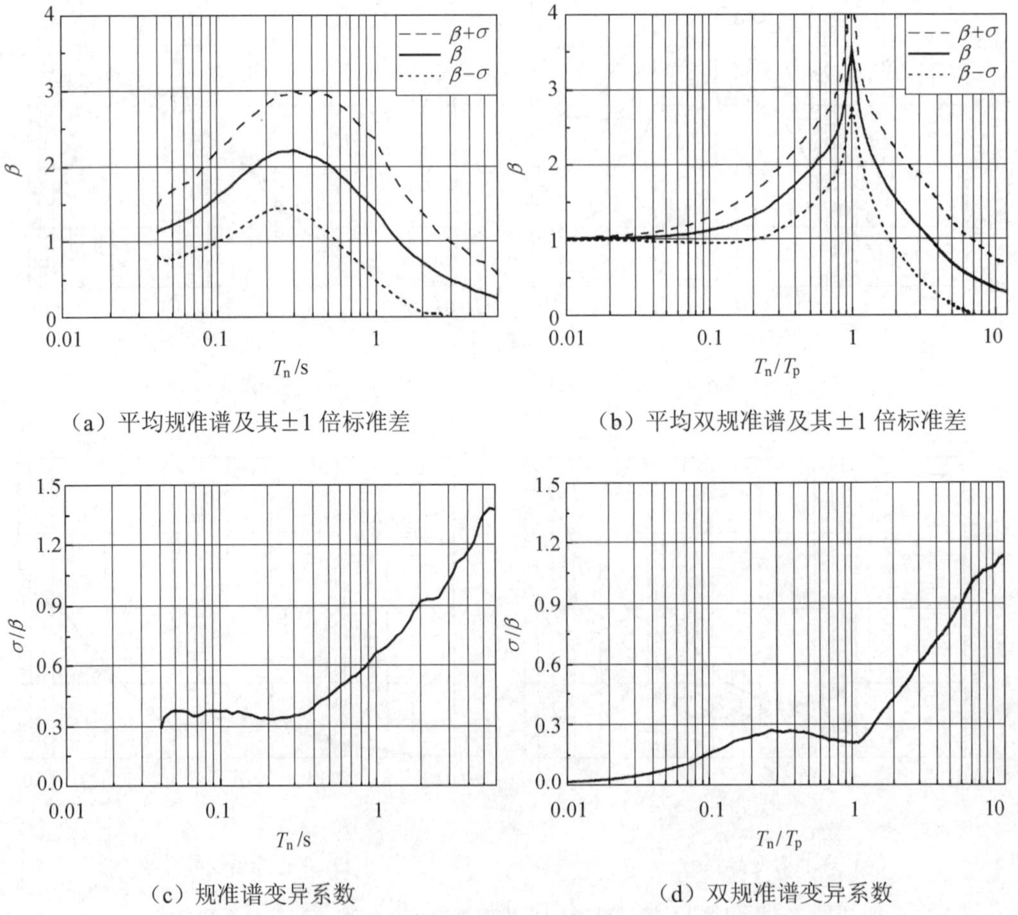

（a）平均规准谱及其±1 倍标准差　　　　　　（b）平均双规准谱及其±1 倍标准差

（c）规准谱变异系数　　　　　　　　　　　（d）双规准谱变异系数

图 7.4　平均规准谱、双规准谱及其±1 倍标准差和变异系数曲线

为了对 4 类场地上两种平均谱的离散性进行比较，本章分别对 4 类场地上 4 条平均规准谱和 4 条平均双规准谱再进行平均，得到了平均谱及其±1 倍标准差曲线（图 7.5）。针对 4 条平均谱的标准差曲线，定义平均标准差 P_m 为

$$P_{\mathrm{m}} = \frac{\sum_i T_i \cdot P_{\mathrm{sd}}(T_i)}{\sum_i T_i}, \qquad P_{\mathrm{sd}}(T_i) \geqslant 0.1 \tag{7.1}$$

式中，T_i 为自然坐标中规准谱的等间距（$\Delta T_i = 0.01$ s）离散周期或双规准谱的等间距（$\Delta T_i = 0.01$）离散相对周期；$P_{\mathrm{sd}}(T_i)$ 为 T_i 对应的标准差谱幅值。通过计算发现，4 条规准谱与 4 条双规准谱的平均标准差分别为 0.268 和 0.125，规准谱的 P_{m} 比双规准谱的 P_{m} 大一倍还多，这进一步说明双规准反应谱的统计特性更好。

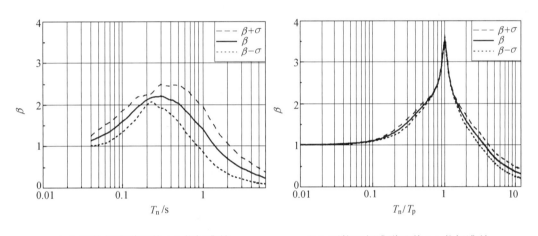

（a）平均规准谱及其±1 倍标准差　　　　　（b）平均双规准谱及其±1 倍标准差

图 7.5　平均规准谱和双规准谱的平均谱及其±1 倍标准差曲线

7.3.2　震级的影响

地震断层破裂过程的能量释放是地震动发生的原因，也是影响地震动及其反应谱特性的重要因素。大震级地震不仅产生较大的地震动幅值，而且增加地震动持时，影响地震动的频率成分组成。大震级地震动规准反应谱的谱值明显大于小震级地震动的谱值[22]。为了研究震级对双规准反应谱的影响，本章按震级把地震动记录分为 $M_{\mathrm{w}} \leqslant 5$、$5 < M_{\mathrm{w}} \leqslant 6.5$ 和 $6.5 < M_{\mathrm{w}}$ 3 个类别。

图 7.6 所示为 4 类场地上不同震级地震动的平均规准反应谱和平均双规准反应谱，图 7.7 所示为不考虑场地条件的不同震级地震动的平均规准反应谱和平均双规准反应谱。

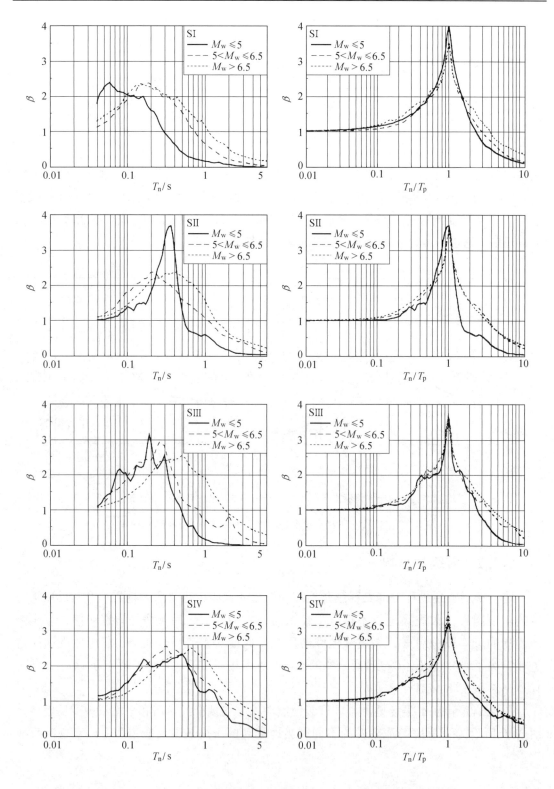

图 7.6　4 类场地上不同震级地震的平均规准反应谱和平均双规准反应谱

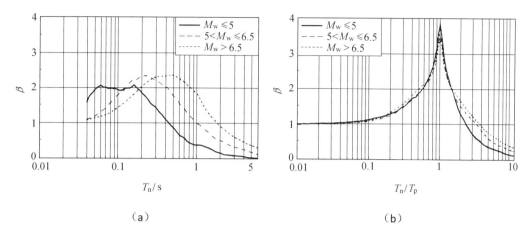

图 7.7　不考虑场地条件的不同震级地震动的平均规准反应谱和平均双规准反应谱

由图 7.7 知：

（1）同一场地上，不同震级地震动的平均规准谱有明显的差别。在规准谱的高频段，震级越大规准谱的谱值越小；而在中低频段，震级越大规准谱的谱值越大。

（2）同一场地上，不同震级地震动的平均双规准谱，在横坐标小于 1 的部分十分接近；在横坐标大于 1 的部分随震级的变大双规准谱的谱值略有增大的趋势，但增大幅度较小。

（3）在 SⅠ、SⅡ和 SⅢ类场地上，规准谱的峰值都随震级变大呈逐渐减小的趋势，但 SⅣ类场地的情况不明显；同一震级的规准谱峰值在不同场地上的变化无规律。小震级岩石场地上的双规准谱峰值最大，而小震级软土场地上最小，仅 3.189；同一震级双规准谱的峰值随场地土变软有逐渐减小的趋势（表 7.5）。

表 7.5　震级对平均规准谱与平均双规准谱峰值（β_{max}）的影响

场地类别	$M_w \leqslant 5$		$5 < M_w \leqslant 6.5$		$6.5 < M_w$	
	规准谱	双规准谱	规准谱	双规准谱	规准谱	双规准谱
SⅠ	2.399	4.007	2.387	3.563	2.346	3.562
SⅡ	3.683	3.683	2.381	3.556	2.377	3.588
SⅢ	3.134	3.646	2.937	3.733	2.546	3.498
SⅣ	2.349	3.189	2.562	3.557	2.518	3.451
平均	2.063	3.799	2.323	3.573	2.343	3.517

通过震级对两种谱的影响情况可以看出，震级对规准反应谱谱值的影响十分明显。而对双规准反应谱的影响较小，主要是对双规准谱相对长周期段有一定的影响。因此，在震级的影响下，双规准反应谱的统计特性优于规准反应谱的统计特性。

7.3.3　距离的影响

距离也是影响地震动反应谱特性的重要因素。随距离的增加地震动反应谱的谱值逐渐减小，中长周期段规准反应谱的谱值会有所增大。但 Mohraz[20]通过对 1989 年洛玛–普雷塔（Loma Prieta）地震动的统计分析发现近场地震动的规准谱谱值大于中、远场地的规准谱谱值。因此，有必要对距离影响下的规准反应谱和双规准反应谱的特性进行研究。按地震动记录的震中距范围划分，本章计算了 4 种场地上不同距离地震动的平均规准谱和平均双规准谱。

图 7.8 所示为 4 类场地上不同距离范围地震动的平均规准谱和平均双规准谱，图 7.9 所示为仅考虑距离影响的平均规准谱和平均双规准谱。由图 7.8、图 7.9 知：

（1）同一场地上不同距离地震动的平均规准谱有较明显的差别。在规准谱的高频段，距离越大规准谱的谱值越小；而在中低频段，距离越大规准谱的谱值越大。

（2）同一场地上不同距离地震动的平均双规准谱在横坐标小于 1 的部分基本相同，大于 1 的部分随距离的变大有增大的趋势，但增大幅度不明显。

（3）规准谱的峰值与双规准谱的峰值都随距离增大有逐渐增大的趋势，但都不太明显；同一距离的规准谱峰值在不同场地上的变化无规律，而双规准谱的峰值随场地的变软呈增大的趋势。当不考虑场地条件时，规准谱峰值与双规准谱峰值都随距离增大而增大（表 7.6）。

由上述分析知，考虑距离因素影响时，双规准反应谱的统计特性仍优于规准反应谱的统计特性。

表 7.6　距离对平均规准谱和平均双规准谱峰值（β_{max}）的影响

场地类别	$M_w \leqslant 5$		$5 < M_w \leqslant 6.5$		$6.5 < M_w$	
	规准谱	双规准谱	规准谱	双规准谱	规准谱	双规准谱
S I	2.208	3.661	2.352	3.479	2.542	3.838
S II	2.432	3.485	2.303	3.529	2.480	3.653
SIII	2.570	3.444	2.439	3.382	2.686	3.645
SIV	2.441	3.271	2.325	3.489	2.564	3.526
平均	2.205	3.536	2.235	3.478	2.353	3.634

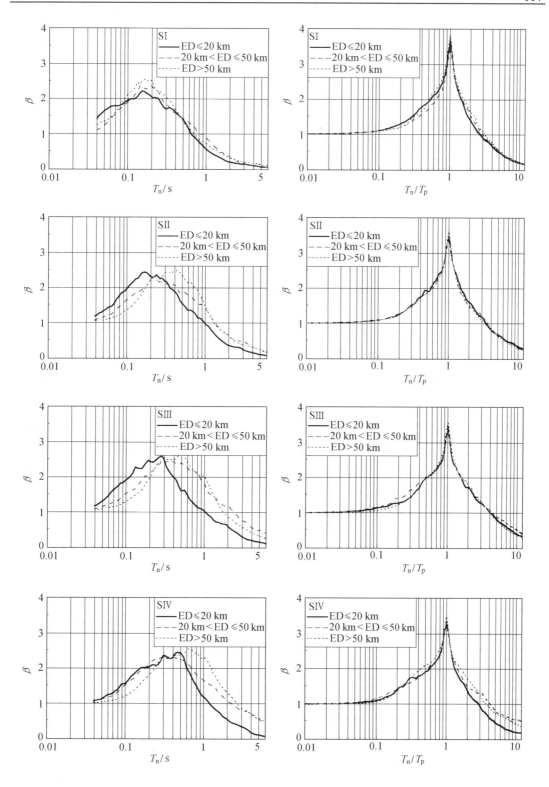

图 7.8　4 类场地上不同距离范围地震动的平均规准谱和平均双规准谱

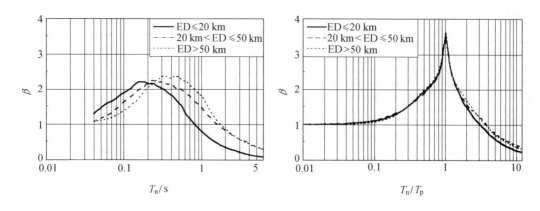

图 7.9　仅考虑距离影响的平均规准谱和平均双规准谱

7.4　竖向地震动反应谱

地震作用下，工程结构的破坏可能由水平向地震动引起，也可能与竖向地震动密切相关。在某些情况下，竖向与水平向地震动的联合作用更加快了结构的破坏过程，加剧了结构的损坏程度。尤其对于大跨度空间结构和桥梁结构的抗震设计，竖向地震动的潜在破坏作用更是不可忽略。在近年来发生的卡拉马塔（Kalamata）（1986）、北岭（Northridge）（1994）和神户（Kobe）（1995）地震中，都可以找到大量竖向地震动导致结构破坏的例证[103-105]。在我国现行抗震设计规范中，尚未给出竖向地震动的设计谱，而是规定竖向地震作用取相应水平向地震作用的 65%。然而近年来的研究发现，竖向与水平向加速度反应谱比（S_{aV}/S_{aH}）与反应谱周期、震源距和震级相关。近场短周期段的谱比大于 2/3，而在长周期段的谱比小于 2/3[106-112]。

本节首先对竖向设计谱的研究现状进行简单的评述，以本章选取的竖向地震动数据为基础资料，讨论竖向地震动规准反应谱和双规准反应谱的特征，然后考虑场地条件和距离的影响，对集集地震中竖向地震动加速度幅值和水平向地震动加速度幅值的关系进行分析。

7.4.1　竖向设计谱研究评述

目前，大部分抗震设计规范采用水平向设计谱乘系数的方法来规定竖向地震动作用，系数的取值一般在 0.5～0.7 之间，如美国联邦紧急事务管理署 2000 年出版的《建筑物的地震修复准则》（FEMA-356）中取 2/3，我国《建筑抗震规范》中取 0.65。这种规定的依据主要是竖向与水平向地震动峰值比率的统计关系。也有规范简单考虑了竖向与水平向反应谱比的研究结果，采取分段取值的办法，如欧洲规范 EC-8 在 0～0.15 s 的高频段取 0.7，在大于 0.5 s 段取 0.5。我国《核电厂抗震设计规范》（GB 50267—97）分别给定了竖向和水平向地震作用设计谱，两者谱比的大致形状如图 7.10 所示。由图 7.10 知，我国核电厂抗震规范对于竖向地震作用的规定考虑了竖向谱比随周期和场地条件的变化特点。随着近年来强震记录的不断积累，对竖向设计谱的研究主要集中在竖向与水平向反应谱比随地震动影响因素的变化规律上。

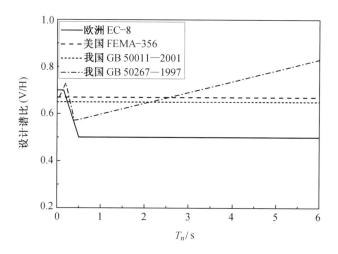

图 7.10　竖向与水平向设计谱比

近年来，对竖向与水平向地震动反应谱之间关系的研究较多[106-110, 113-117]。此外，研究发现竖向地面运动对近场地区更为敏感，竖向与水平向地震动反应谱比随断层距和周期的变化而发生明显的变化，在短周期段甚至超过 1，在长周期段通常小于 2/3。例如，文献[108]通过对 1994 年 Northridge 地震近场地震动的研究得到如图 7.11 所示的竖向地震动反应谱和谱比。

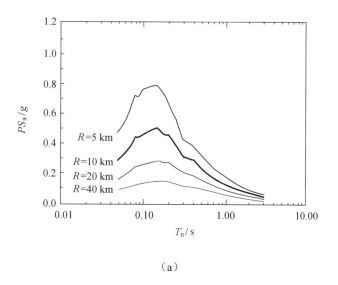

（a）

图 7.11　竖向地震动反应谱和谱比[108]

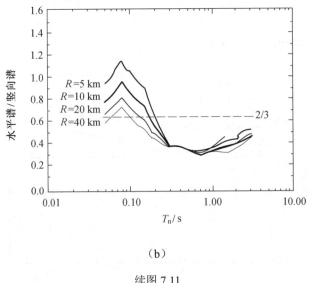

（b）

续图 7.11

文献[118]对集集地震近断层（3～20 km）区域 30 个台站地震动的反应谱研究表明，近断层两水平方向分量地震动的反应谱之间基本吻合，但竖向地震动反应谱与水平向地震动反应谱之间差别明显。在小于 0.05 s 的高频段，竖向反应谱低于水平向反应谱，但在 0.05～0.12 s 的周期段竖向反应谱高于水平向谱，随后竖向谱值随周期的增大而减小，在 0.5 s 处约是水平向谱值的一半，在 3 s 以后的长周期段，竖向谱与水平向谱的谱值基本接近，如图 7.12 所示。近断层竖向与水平向地震动反应谱的相互关系表明竖向与水平向谱比的变化是在高频段上升而后迅速下降，在中频段又上升，直到在长周期段趋于一个常数，这与图 7.12 中谱比的变化特征是类似的。

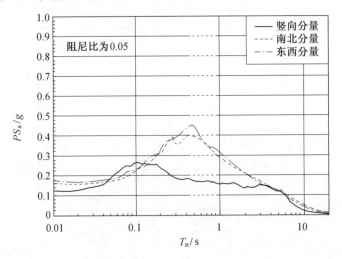

图 7.12 近断层 3 个方向分量的平均反应谱[118]

文献[115]通过对 200 多个台站 3 分量地震动反应谱的研究得到如图 7.13 的总平均谱比曲线。可以看出，随周期的增大，谱比从 0.8 逐渐增大到 0.95，而后转为下降，在 0.5 s 处降至 0.4，随后又上升，在 2.5 s 以后的长周期段稳定在 0.6 附近。

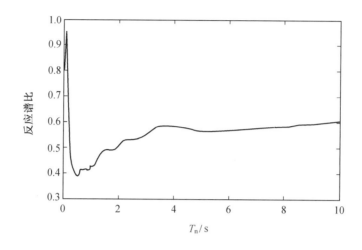

图 7.13　文献[115]得到的反应谱比平均曲线

从竖向与水平向地震动谱比的特征来看，竖向与水平向地震动反应谱的差别可归结为两个方面：

（1）竖向与水平向地震动加速度峰值的关系；

（2）竖向与水平向地震动反应谱卓越频率分量的关系。

可以发现，两方向地震动峰值之间的关系主要影响到反应谱超高频段和长周期段的谱比，即峰值比与谱比的大小相接近；而高、中频段谱比的变化与两方向地震动的卓越周期之间的关系密切。一般而言，水平向地震动的卓越周期大于竖向地震动的卓越周期，谱比曲线在短周期的最高点恰与竖向地震动卓越周期相对应，而谱比曲线的最低点恰在水平地震动卓越周期附近。这样，场地条件、震级、距离等影响地震动频谱特征的因素都会影响到谱比曲线的变化，因此，考虑竖向与水平向反应谱之间的关系必须从两个方面入手，即峰值比和频谱关系。这两个方面的关系确定以后，考虑竖向地震动双规准反应谱的特征是解决目前竖向地震作用的一条可行途径。同时，随着目前强震记录的不断积累，单独考虑竖向地震动参数的衰减关系和反应谱特征，建立独立的竖向地震作用设计谱是可行的。下面将对竖向地震动规准反应谱和双规准反应谱的特征进行分析。

7.4.2　竖向地震动反应谱特性分析

本章对收集到的 33 次地震中的 531 条竖向地震动按场地条件、震中距和震级进行了分类，分别对竖向地震动的加速度规准反应谱和双规准反应谱进行了研究。其场地、震级和距离的分类方法与前面相同。本节首先讨论不同场地不同震级范围的竖向地震动的平均规准反应谱和平均双规准反应谱，再讨论不同场地不同距离范围内竖向地震动的两种谱，最后分别单独讨论震级、距离和场地条件对两种平均谱的影响。图 7.14 所示为 4 类场地上不同震级竖向地震动的平均规准反应谱和平均双规准反应谱，由于不同震级范围记录数量的差别较大，记录数量少的地震动平均谱曲线不够光滑。

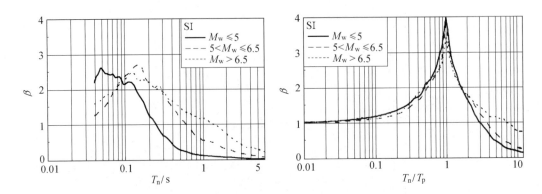

（a）S I 类场地不同震级范围的地震动平均反应谱

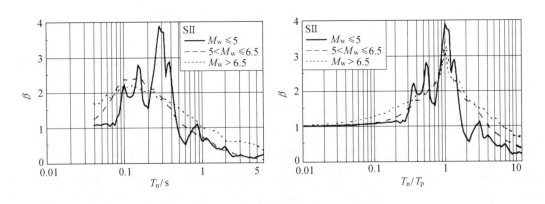

（b）S II 类场地不同震级范围的地震动平均反应谱

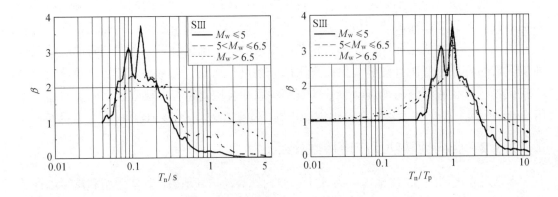

（c）SIII类场地不同震级范围的地震动平均反应谱

图 7.14　4 类场地上不同震级竖向地震动的平均规准反应谱和平均双规准反应谱

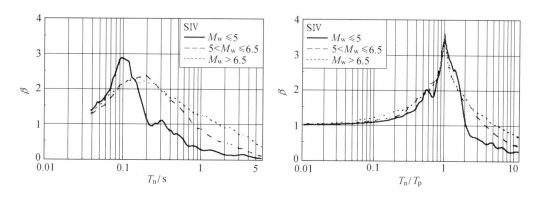

（d）SⅣ类场地不同震级范围的地震动平均反应谱

续图 7.14

图 7.15 所示为 4 类场地上不同距离范围竖向地震动的平均规准反应谱和平均双规准反应谱。图 7.16 所示为仅考虑震级、距离和场地条件时竖向地震动的平均规准谱和平均双规准谱。由图 7.15、图 7.16 知，震级、距离和场地条件对两种谱有如下影响规律：

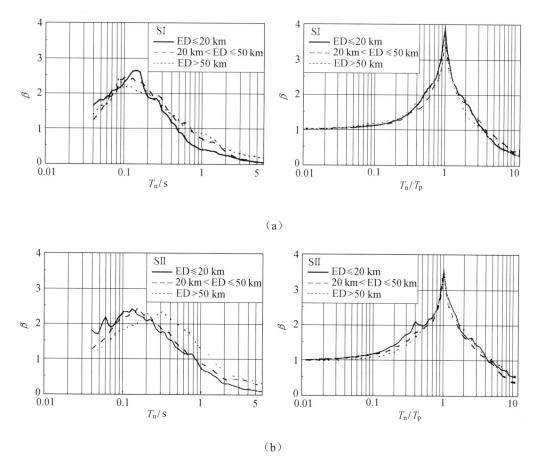

图 7.15 4 类场地上不同距离范围竖向地震动的平均规准反应谱和平均双规准反应谱

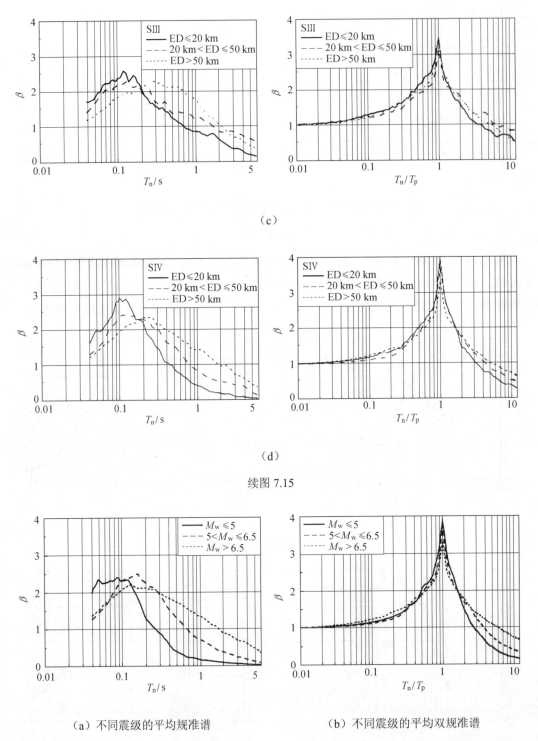

（c）

（d）

续图 7.15

（a）不同震级的平均规准谱 　　　　　　（b）不同震级的平均双规准谱

图 7.16　仅考虑震级、距离和场地条件时竖向地震动的平均规准谱和平均双规准谱

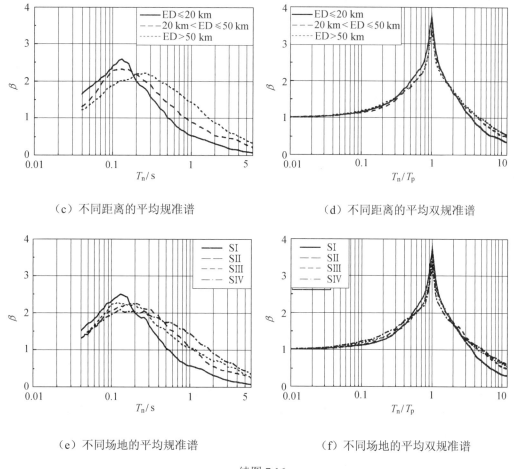

（c）不同距离的平均规准谱　　　　　（d）不同距离的平均双规准谱

（e）不同场地的平均规准谱　　　　　（f）不同场地的平均双规准谱

续图 7.16

（1）震级对平均规准反应谱的影响显著。震级对双规准反应谱的影响较小，在横坐标小于 2 的区段，不同震级的平均双规准谱比较接近。在相对长周期段，大震级地震动的平均双规准谱高于小震级地震动的平均双规准谱。平均双规准反应谱在中、短周期段表现出较好的统一性，但在相对长周期段的差别较大。

（2）距离对平均规准反应谱的影响明显，但距离对双规准反应谱的影响很小，不同距离地震动的平均双规准谱曲线都十分相似。在距离的影响下，双规准反应谱与规准反应谱相比表现出良好的一致性。

（3）不同场地条件、不同震级和不同震中距地震动的平均规准反应谱之间存在明显差别。不同场地条件、不同震级和不同震中距地震动的平均双规准反应谱之间差别较小。随着场地土的变软、震级的增大和震中距的加大，双规准反应谱仅相对长周期段的谱值略有增大的趋势。

由上述分析知，竖向地震动与水平向地震动双规准反应谱的特征基本相同，即它们受场地条件、震级、距离的影响较小。但也应注意到，与场地条件和距离不同，震级对地震动，尤其是对竖向地震动双规准谱相对长周期段的影响不容忽略。

7.4.3 竖向与水平向地震动峰值加速度之间的关系

现行抗震设计规范中对竖向设计谱的规定主要是考虑了竖向与水平向地震动加速度幅值的统计关系，才采用一固定常数将水平向设计谱折减为竖向设计谱的做法。鉴于此，本节将讨论竖向与水平向地震动加速度峰值之间的关系。

本节的讨论以集集地震的地震动记录为数据基础，考虑场地条件和断层距的影响，本节统计了集集地震主震中记录到的近 400 条三分量地震动的加速度峰值，计算时取两水平分量地震峰值的平均作为水平向地震动的计算峰值，场地的分类参照文献[101]。图 7.17 所示为竖向与水平向地震动加速度峰值的比率及对比率散点的线性拟合，表 7.7 所示为按公式（5.1）进行线性拟合的参数 a 和 b 取值。

$$\text{PGA}_{\text{V/H}} = a \cdot D_{\text{closest}} + b \tag{7.2}$$

式中，D_{closest} 为场地与断层的最近距离。

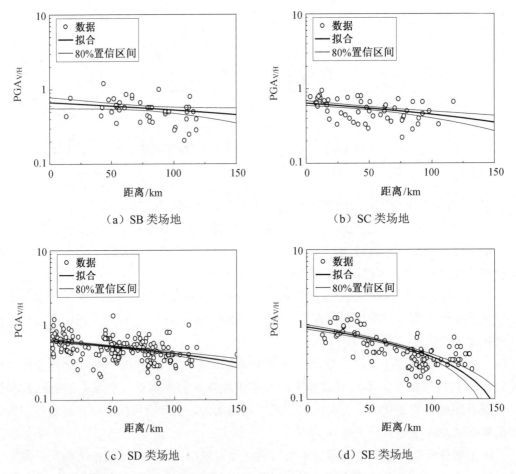

（a）SB 类场地　　　　　　　（b）SC 类场地

（c）SD 类场地　　　　　　　（d）SE 类场地

图 7.17　竖向与水平向地震动加速度峰值的比率及对比率散点的线性拟合

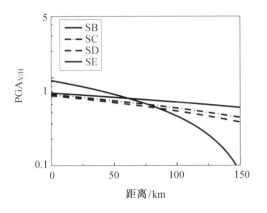

（e）拟合结果比较

续图 7.17

表 7.7　拟合参数

场地类别	SB	SC	SD	SE
a	−0.001 43	−0.001 95	−0.002 10	−0.005 64
b	0.670 12	0.644 26	0.626 00	0.927 66

从图 7.17 可以看出：

（1）随距离的增加，竖向与水平向峰值比呈减小的趋势，尤其以 SE 类场地上的变化趋势更为明显。

（2）拟合中，除 SE 类场地外，近场地震动的峰值比接近 2/3，远场地震动的峰值比约为 0.5。

（3）SE 类场地上近场地震动的峰值比接近 1，但远场的情况远小于其他场地的水平；其他三类场地上，峰值比随场地土的变软而减小。

7.5　上、下盘效应对地震动反应谱的影响

最近的研究表明近场地震动中的上盘效应作用明显[119-122]，本节将以集集地震数据为基础考虑上、下盘效应对地震动反应谱的影响。本节从集集地震主震中选取了位于上盘的 9 条地震记录和位于下盘的 43 条地震记录（表 7.8），进行了计算。

图 7.18（a）所示为上、下盘台站记录的地震动平均规准反应谱。上盘效应对规准反应谱的影响非常明显。在大于 1 s 的长周期段，上盘地震记录的平均规准谱谱值明显小于下盘。图 7.18（b）所示的上、下盘台站记录的地震动平均双规准反应谱与平均规准反应谱有类似的变化趋势。在相对短周期段，上盘的双规准谱略高于下盘，但在相对长周期段低于下盘双规准谱。此外，受近场地震动复杂性的影响，有时近断层地区上下盘效应

和大脉冲方向性效应同时存在。因此必须分别考虑它们对地震动反应谱的影响。既然上盘效应对双规准反应谱的影响不可忽略，就必须通过别的方法和渠道寻求这类特殊地震动的规律。

表 7.8　集集地震上、下盘记录台站

台站位置	台站编号
上盘	TCU052 TCU068 TCU071 TCU072 TCU074 TCU078 TCU079 TCU084 TCU089
下盘	CHY002 CHY024 CHY025 CHY026 CHY094 CHY101 CHY104 TCU048 TCU049 TCU050 TCU051 TCU053 TCU054 TCU056 TCU057 TCU060 TCU061 TCU063 TCU065 TCU067 TCU070 TCU075 TCU076 TCU082 TCU087 TCU100 TCU102 TCU104 TCU105 TCU107 TCU109 TCU111 TCU116 TCU117 TCU118 TCU120 TCU122 TCU128 TCU136 TCU138 TCU140　TCU141　TCU145

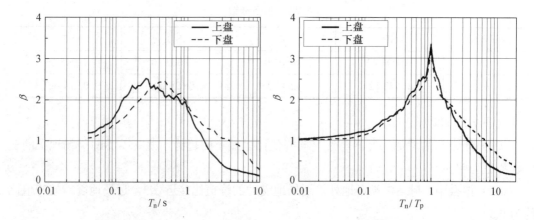

（a）上、下盘台站记录的地震动平均规准反应谱　（b）上、下盘台站记录的地震动平均双规准反应谱

图 7.18　场地、距离、上盘效应影响的地震动平均规准反应谱和平均双规准反应谱

7.6　本章小结

地震动反应谱首先反映了地震动的特征，同时反应谱往往还要受到其他多种因素的影响，然而不论受什么因素的影响，最终都是反映在对反应谱的幅值和谱形态的影响。本章的分析进一步表明双规准反应谱相对一般的地震动反应谱来讲不仅消除了地震动强度的影响，而且消除了不同卓越周期对反应谱形态的影响，比规准反应谱表现出更好的一致性和规律性。

场地条件、震级和震中距对平均规准反应谱的影响明显。在短周期段，规准谱谱值随场地土的变软或震级的加大或距离的增加而减小，在中长周期段的情况相反。场地条件和震中距对双规准反应谱的影响很小，但震级对双规准谱相对长周期段的影响明显，震级增大，长周期段的谱值有一定程度的增加。对于同一次大震级地震而言，场地条件和距离仍然是影响规准反应谱的主要因素，但场地条件和距离对双规准谱的影响较小。对竖向地震动的分析表明，竖向与水平向地震动加速度谱比主要与场地和距离相关。此外，按照某一比值进行折减得到竖向设计谱的方法不符合竖向反应谱的基本特征。

第8章　组合抗震设计谱

8.1　引　　言

从本章至第 10 章，将介绍 3 种采用双规准反应谱标定设计谱的方法。本章介绍的组合抗震设计谱主要基于 Newmark 提出的三联谱。Newmark 方法的优点在于，它不仅考虑了反应谱值与地震动幅值的相关性，而且反映了伪加速度、伪速度和位移 3 种反应谱在不同周期段的特点，而非仅采用其中任何一种谱表达设计谱。但在设计谱的标定方法上 Newmark 谱仍存在一些问题。例如，Newmark 谱采用 3 个区段的放大系数（α_A、α_V、α_D）分别考虑 3 种反应谱的特点。在确定某一周期段放大系数的平均值时主要凭观察和经验。而设计谱速度控制段的界限周期（T_c、T_d）是根据地震动幅值和放大系数按经验公式计算得到。这使得事先假定的确定放大系数的周期范围与计算所得的控制段周期范围不一致，造成用某周期段的放大系数确定了另一周期段的设计谱值。本章基于第 2 章地震动数据，对地震动及其反应谱的一些参数进行了详细的分析，探讨了 Newmark 设计谱所存在的问题及解决方法和途径，最后给出了一种组合抗震设计谱标定方法。

8.2　组合设计谱标定方法与问题分析

本章的讨论以第 2 章的 220 条水平地震动分量为数据基础。220 条水平地震动分量的规准加速度反应谱 NS_a、规准速度反应谱 NS_v 和规准位移反应谱 NS_d 的变异系数曲线如图 8.1 所示。由图 8.1 知，规准加速度谱在短周期段的离散性最低，规准速度谱和规准位移谱的变异系数分别在中周期段和长周期段最小。220 条水平地震动分量反应谱与峰值地震动参数的相关系数随周期的变化曲线如图 8.2 所示。由图 8.2 知，短周期段反应谱谱值与 PGA 相关性较好，中周期和长周期段的谱值分别与 PGV 和 PGD 具有较强的相关性。

Newmark 方法采用幅值比 PGV/PGA 和 PGA·PGD/PGV^2 的均值反映地震动峰值之间的关系。本节针对 220 条地震动的峰值参数进行了分析，图 8.3 所示为地震动幅值间的线性拟合结果。由图 8.3 知，由于地震动峰值参数的离散性较大，反映地震动峰值参数相关性的参数（R^2）均不到 0.75，因此简单地根据幅值比的均值确定设计地震动峰值的做法并不合理。

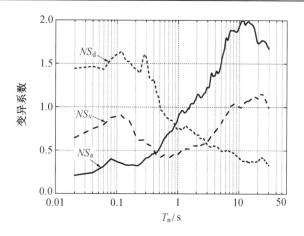

图 8.1　220 条水平地震动分量的规准反应谱的变异系数曲线

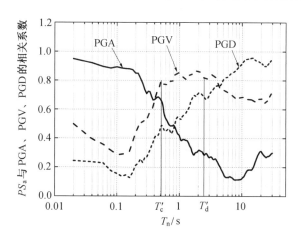

图 8.2　220 条水平地震动分量反应谱与峰值地震动参数的相关系数随周期的变化曲线

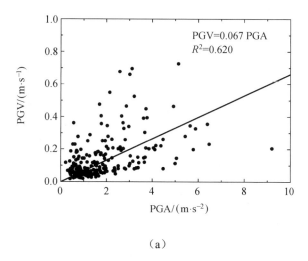

（a）

图 8.3　地震动幅值间的线性拟合结果

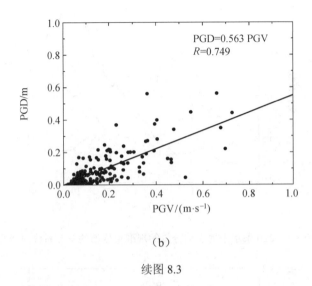

（b）

续图 8.3

Newmark 方法中放大系数（α_A、α_V、α_D）的确定主要是参考图 8.2 中地震动幅值与反应谱的相关性区段范围，取各区段平均规准化反应谱的平均值得到。例如，图 8.2 中反应谱与 PGV 相关系数大于 0.80 时的周期范围大致为 $T_c'\sim T_d'$，那么可在平均规准化伪速度反应谱中取该周期段的平均谱值作为 α_V。当对某一条或几条地震动进行设计谱标定时，不存在地震动幅值与谱值的相关性问题，放大系数的确定根据经验判断的规准化反应谱相对平台段的宽度再对谱值平均得到。因此，Newmark 方法中放大系数的确定带有一定的主观性。而在设计谱的构建中，加速度、速度和位移控制段的实际界限周期（T_c、T_d）则是 3 条谱值所代表的直线的交点周期，如图 8.4 所示。

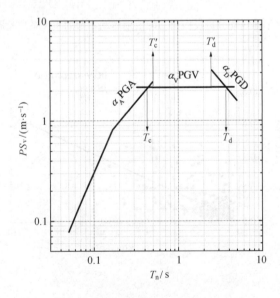

图 8.4　设计谱不同区段之间的关系

由于伪加速度谱、伪速度谱和位移谱之间存在固定关系：

$$PS_a \cdot \frac{T_n}{2\pi} = PS_v = S_d \cdot \frac{2\pi}{T_n} \qquad (8.1)$$

设计谱的界限周期（T_c、T_d）又可以通过计算得到，即

$$T_c = 2\pi \frac{\alpha_v PGV}{\alpha_A PGA} \qquad (8.2a)$$

$$T_d = 2\pi \frac{\alpha_D PGD}{\alpha_v PGV} \qquad (8.2b)$$

这就造成了 Newmark 方法自身难以克服的问题：即事先用以确定放大系数的周期范围与最终计算结果中设计谱的区段范围不一致，也即出现了采用 $T_c'\sim T_d'$ 周期段的放大系数标定 $T_c\sim T_d$ 段设计谱值的问题。或者说设计谱标定中拐角周期处谱值的不连续问题。

8.3　设计谱标定方法的改进

8.3.1　设计地震动幅值

本章针对地震动幅值比离散性较大的问题，计算并对 PGV/PGA 和 PGA·PGD/PGV^2 的分布情况进行了统计分析，发现它们在不同比值区间的分布并不相同，如图 8.5 所示。若仅依据 PGV/PGA 和 PGA·PGD/PGV^2 的简单平均确定设计地震动的幅值关系，显然未能考虑到它们在不同区间的分布差异情况。为此，采用加权平均代替算数平均来确定其比值。

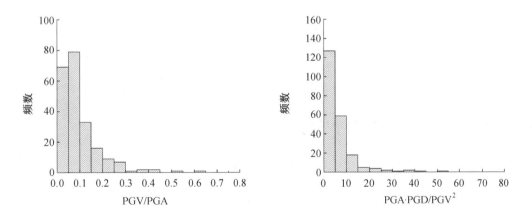

图 8.5　PGV/PGA 和 PGA·PGD/PGV^2 的频率分布直方图

表 8.1 给出了 220 条地震动的两种幅值比在各区间的权重，由此可求得 PGV/PGA 和 PGA·PGD/PGV^2 的加权平均值分别为 0.087 和 6.472。根据算术平均求得的两种幅值比分别为 0.098 和 6.520。表 8.2 给出了根据本节地震动记录分析得到的设计地震动幅值与 Newmark 等[16, 40, 123]建议的设计地震动幅值的比较。由表 8.2 知，本节根据加权平均求得的设计地震动取值偏小。

表 8.1　200 条地震动的两种幅值比在各区间的权重

	区间	0～0.05	0.05～0.1	0.1～0.15	0.15～0.2	0.2～0.25	0.25～0.3	0.3～0.65
PGV/PGA	频数	69	79	33	16	9	7	7
	权重	0.313 6	0.359 1	0.150 0	0.072 7	0.040 9	0.031 8	0.004 5
	区间	0～5	5～10	10～15	15～20	20～25	25～55	
PGA·PGD/PGV^2	频数	127	59	18	5	4	7	
	权重	0.577 3	0.268 2	0.081 8	0.022 7	0.018 2	0.005 3	

表 8.2　设计地震动幅值的比较

设计地震动幅值	算数平均法	加权平均法	Newmark
PGA/(m·s^{-2})	9.810	9.810	9.810
PGV/(m·s^{-1})	0.961	0.853	1.230
PGD/m	0.614	0.480	0.914

8.3.2　连续的设计谱标定参数

为了能反映地震动反应谱不同区段的特性，同时避免分别采用 3 个设计地震动幅值和 3 个放大系数标定设计谱时造成的谱值不连续问题，构造了如下连续规准化参数：

$$f(T_n) = \begin{cases} \mathrm{PGA} \cdot \dfrac{T_n}{2\pi}, & T_n \leqslant T_1 \\ \mathrm{PGV}, & T_1 < T_n < T_2 \\ \mathrm{PGD} \cdot \dfrac{2\pi}{T_n}, & T_n \geqslant T_2 \end{cases} \tag{8.3}$$

式中，T_n 为周期；T_1、T_2 为连续规准化函数中的两个周期点，即

$$T_1 = 2\pi \frac{\mathrm{PGV}}{\mathrm{PGA}} \tag{8.4a}$$

$$T_2 = 2\pi \frac{\mathrm{PGD}}{\mathrm{PGV}} \tag{8.4b}$$

T_1、T_2 的取值随地震动幅值的改变而改变，可分别看作是加速度和速度控制段及速度和位移控制段的界限周期。图 8.6（a）给出了某地震动的规准化参数曲线。

由于地震动伪加速度、伪速度和位移反应谱之间存在式（8.1）所示关系，采用函数 $f(T_n)$ 对地震动伪速度反应谱的纵坐标值进行规准化，可以得到放大系数谱 α_f。

$$\alpha_f = \frac{PS_v}{f(T_n)} = \begin{cases} \dfrac{PS_a}{PGA}, & T_n \leqslant T_1 \\[2mm] \dfrac{PS_v}{PGV}, & T_1 < T_n < T_2 \\[2mm] \dfrac{S_d}{PGD}, & T_n \geqslant T_2 \end{cases} \tag{8.5}$$

由于定义的规准化参数 $f(T_n)$ 本身连续，这样实际上同时实现了 3 种反应谱在短周期段、中周期段和长周期段规准化的目的。

图 8.6（b）所示为某地震动的伪速度谱与对应的放大系数谱。针对 220 条地震动，分别计算了它们的规准化参数曲线和放大系数谱，如图 8.7 所示。为了进一步反映基于定义的规准化参数得到的规准反应谱的特征，对 220 条地震动的规准反应谱曲线进行了平均，得到平均规准化谱（α_f）及其平均+1 倍标准差谱，分别如图 8.8 中粗实线所示。同时图 8.8 还给出了分别基于 PGA、PGV 和 PGD 得到的规准反应谱（α_A、α_V、α_D）的平均谱及其平均+1 倍标准差谱。

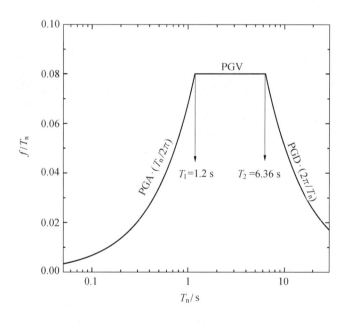

（a）规准化参数曲线

图 8.6　某地震动规准化参数曲线及其伪速度谱与对应的放大系数谱

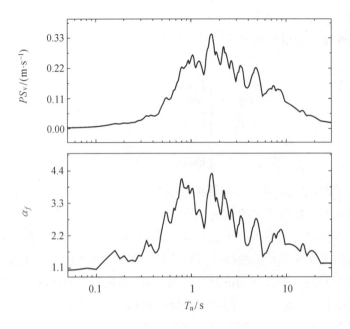

（b）伪速度谱与放大系数谱

续图 8.6

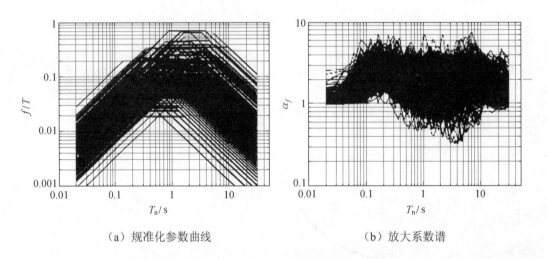

（a）规准化参数曲线　　　　　　　　（b）放大系数谱

图 8.7　220 条地震动的规准化参数曲线及其放大系数谱

由图 8.8 知，基于定义的规准化参数得到的规准谱呈现出 2 个谱峰，谱曲线整体上不低于其他 3 种谱，其在短周期和长周期段的谱值分别与规准加速度谱和规准位移谱相一致，在中周期段的谱值稍大于规准速度谱的谱值。这种基于地震动的伪速度反应谱和所构造的规准化参数得到的规准反应谱能同时体现地震动 3 种反应谱分别在 3 个区段的放大系数特性。因此，这种方法可用于同时实现对设计谱不同区段的有效标定。

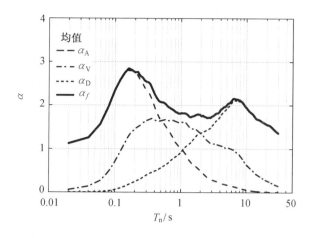

（a）平均规准谱

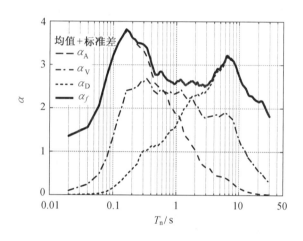

（b）平均+1 倍标准差谱

图 8.8　地震动规准反应谱的比较

8.3.3　设计谱标定方法

在获得了一组地震动的设计地震动幅值（PGA、PGV、PGD）和规准反应谱（α_f）之后，就可以根据 $\alpha_f f(T_n)$ 进行设计谱的标定了。采用前文计算的结果，取设计地震动峰值 PGA、PGV 和 PGD 分别为 9.81 m/s²、0.85 m/s 和 0.48 m，可求得 $f(T)$ 中 T_1、T_2 对应的周期分别为 0.54 s 和 3.54 s。

在本章方法中 $T_c = T_1$、$T_d = T_2$，并采用如下方法确定设计谱其他各主要点的周期（a、b、e、f）与各区段的谱值：

（1）T_a 取 0.04 s，T_f 为 20 s，其谱值取 $\alpha_f f(T_n)$ 曲线中的真实值。

（2）根据伪加速度谱 $2\pi\alpha_f f(T_n)/T_n$ 中最大值所对应点的坐标确定 T_b 及其谱值，T_e 点的周期及谱值可同样依据位移谱 $T_n\alpha_f f(T_n)/(2\pi)$ 中的最大谱值点位置确定。

（3）坐标系中，$a\sim b$、$e\sim f$ 段的表达为对应点的连线；$c\sim d$ 段采用公式

$$\lg[\alpha_f \cdot f(T_n)] = C_1 \lg T_n + C_2 \qquad (8.6)$$

进行最小二乘法拟合确定，分别连接 $b\sim c$、$d\sim e$ 段即可确定组合设计谱。

图 8.9 所示为具有 50% 和 84.1% 保证概率的目标谱曲线与所标定的设计谱，可以看出，拟合结果与相应谱曲线的吻合程度高。表 8.3 列出了改进的组合设计谱主要控制点的周期及谱值。

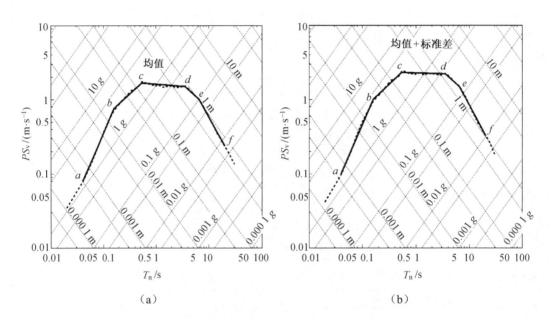

（a）　　　　　　　　　　　　　　　　（b）

图 8.9　具有 50% 和 84.1% 保证概率的目标谱曲线与所标定的设计谱

表 8.3　改进的组合设计谱主要控制点的周期及谱值

控制点	T_a	T_b	T_c	T_d	T_e	T_f
周期/s	0.04	0.16	0.54	3.54	6.48	20
50%谱值/(m·s^{-1})	0.08	0.76	1.67	1.50	1.01	0.24
84.1%谱值/(m·s^{-1})	0.10	1.01	2.31	2.21	1.49	0.33

8.3.4　与其他标定方法的比较

以第 2 章的 220 条水平分量地震动为基础数据，分别考虑按 Newmark 方法、Malhotra 方法和 G-W 方法对设计谱进行了标定，分别与本节方法的结果进行了比较，如图 8.10 所示。可以看出，本节设计谱在短周期段稍高于 Newmark 谱和 Malhotra 谱，与 G-W 谱基本一致；在中周期段与 Newmark 谱基本一致，但低于 Malhotra 和 G-W 谱；长周期段的谱值小于 Newmark 谱，而与 Malhotra 和 G-W 谱谱值较为接近。图 8.11 给出了

220 条地震动反应谱按照规准化函数处理得到的规准反应谱（α_f）的变异系数曲线，以及与分别基于 PGA、PGV 和 PGD 的规准反应谱（α_A、α_V、α_D）的变异系数曲线的对比。由图 8.11 知，基于本章规准化函数得到的规准反应谱的离散程度在短周期和长周期段分别接近规准加速度谱和位移谱，在中周期段稍低于规准速度谱。因此，采用所提出的规准化函数可有效提高规准反应谱谱值在各周期段的一致性。

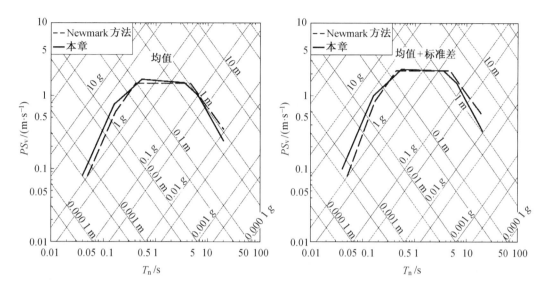

（a）本章方法与 Newmark 方法的对比

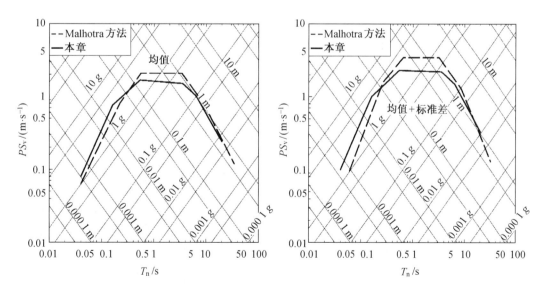

（b）本章方法与 Malhotra 方法的对比

图 8.10　本章方法与其他方法设计谱的比较

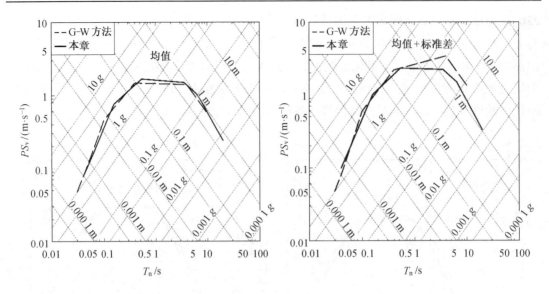

（c）本章方法与 G-W 方法的对比

续图 8.10

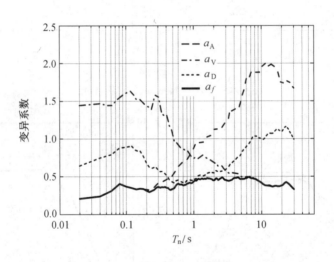

图 8.11　不同规准反应谱变异系数的比较

　　将每一条地震动的规准伪速度谱除以规准设计谱，可以得到一条规准谱谱比曲线，图 8.12 所示为 220 条谱比曲线及其均值和均值±1 倍标准差曲线。可以看出，各谱比曲线基本围绕 1 上下波动，谱比的均值线与 $R = 1$ 的水平直线基本吻合，其均值±1 倍标准差曲线也主要控制在 0.5～1.5 的范围内，进一步验证了本章设计谱标定方法及标定结果的合理性。

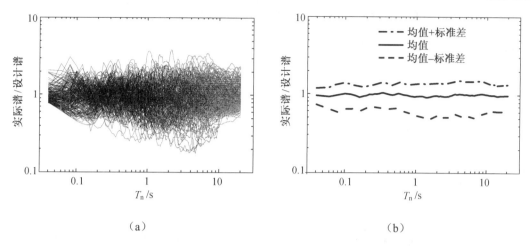

（a）　　　　　　　　　　　　　　　　（b）

图 8.12　220 条谱比曲线及其均值和均值±1 倍标准差曲线

8.4　竖向地震设计谱

本节以第 2 章所选的 110 个台站的竖向地震动分量为数据基础，讨论了竖向地震动的组合抗震设计谱的标定。本节首先对竖向地震动的峰值关系和放大系数进行了统计，然后按前文提及的组合抗震设计谱方法对竖向地震动分量的设计谱进行标定。

8.4.1　竖向地震动峰值关系

图 8.13 所示为对竖向地震动峰值关系的统计结果，可以看出 PGA 和 PGV 及 PGV 和 PGD 的线性关系并不明显。经计算，PGA 和 PGV 的相关系数为 0.684，PGV 和 PGD 的相关系数为 0.647。本节仍通过计算统计量 PGV/PGA 和 PGA · PGD/PGV^2 的加权平均值来确定峰值之间的关系。

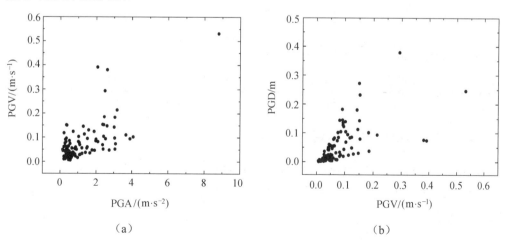

（a）　　　　　　　　　　　　　　　　（b）

图 8.13　竖向地震动峰值关系的统计结果

图 8.14 所示为 PGV/PGA 和 PGA·PGD/PGV^2 的频数分布直方图。

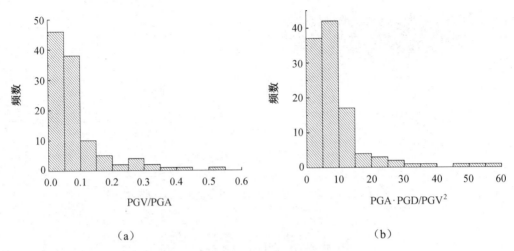

（a）　　　　　　　　　　　　　　　（b）

图 8.14　PGV/PGA 和 PGA·PGD/PGV^2 的频数分布直方图

依据分布直方图可以确定统计量在各个区间的权重分布，计算结果见表 8.4。PGV/PGA、PGA·PGD/PGV^2 的加权平均值分别为 0.067、6.770。因此，对应 PGA = 9.8 m/s^2 的 PGV 和 PGD 的设计值可分别取为 0.66 m/s 和 0.30 m。可以发现，竖向地震动的 PGV/PGA（0.067）小于水平向地震动的取值（0.087），PGD/PGV 的取值为 0.455，同样小于水平向地震动的取值（0.563）。

表 8.4　统计量各区间的权重

	区间	0~0.05	0.05~0.1	0.1~0.15	0.15~0.2	0.2~0.35	0.35~0.55
PGV/PGA	频数	46	38	10	5	8	3
	权重	0.418 2	0.345 5	0.090 9	0.045 5	0.072 7	0.027 3
	区间	0~5	5~10	10~15	15~30	30~60	
PGA·PGD/PGV^2	频数	37	42	17	9	5	
	权重	0.336 4	0.381 8	0.154 5	0.081 8	0.045 5	

8.4.2　竖向设计谱的标定

本节计算了竖向分量阻尼比 ξ = 5% 的规准化组合反应谱，如图 8.15 所示。竖向地震动的放大系数均值、均值+ 标准差谱仍呈明显的 M 形状，由两个波峰和一个波谷构成，如图 8.16 所示。

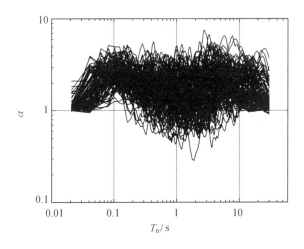

图 8.15　竖向地震动规准化组合反应谱

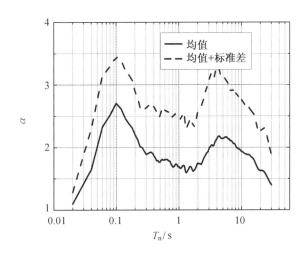

图 8.16　竖向地震动规准反应谱的均值、均值+标准差谱

　　本节分别计算了竖向地震动规准化组合谱的均值及均值+标准差所对应的 $\alpha f(T_n)$ 曲线，并依据两条曲线进行分段拟合和标定即可得到相应的竖向设计谱，如图 8.16 所示。其中 $f(T_n)$ 根据 PGA = 9.81 m/s²、PGV = 0.66 m/s、PGD = 0.30 m 计算得到。由图 8.17 给出的竖向设计谱与目标谱曲线 $\alpha f(T_n)$，可以看出二者的吻合程度较高。

　　以具有 50% 保证概率的均值谱为例，将本节标定的水平向标准设计谱和竖向标准设计谱进行了比较，如图 8.18 所示。首先，水平向与竖向设计谱的拐角周期并不一致，竖向谱的拐角周期小于水平向谱对应的周期，这也是造成短周期段竖向谱高于水平向谱，而中长周期段谱低于水平向谱的主要原因之一。另外，设计谱标定中水平向与竖向设计地震动幅值 PGA、PGV 和 PGD 分别取 9.81 m/s²、0.85 m/s、0.48 m 和 9.81 m/s²、

0.66 m/s、0.30 m，即在设计加速度幅值相同情况下，竖向谱的速度和位移幅值明显偏低，这也是造成竖向谱大部分区段低于水平向谱的原因。

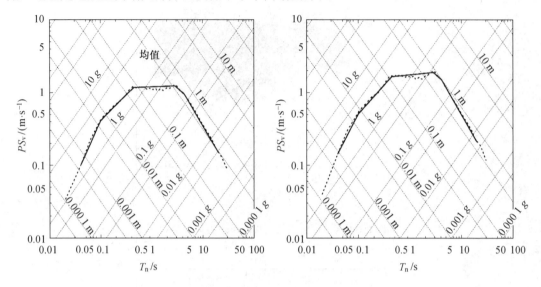

图 8.17 竖向设计谱与目标谱曲线

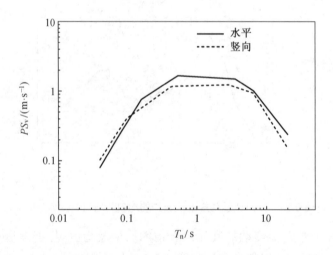

图 8.18 水平向与竖向标准设计谱的比较

如前文所述，一般竖向地震动的 PGA_V 比水平向地震动的 PGA_H 要小，抗震规范中一般取 $PGA_V = 2/3\ PGA_H$。为了比较水平向加速度幅值与竖向幅值的关系，将两条水平分量幅值的平均值作为水平向的代表值同竖向幅值比较。图 8.19 所示为水平向与竖向地震动加速度幅值的关系，回归分析结果为 $PGA_V = 0.675\ PGA_H$。这与规范给出的取值基本吻合。

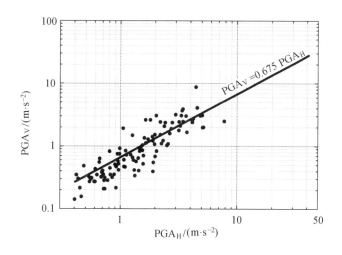

图 8.19　水平向与竖向地震动加速度幅值关系

8.5　本章小结

　　三联设计谱是一种经典的抗震设计谱，但在确定方法上仍存在一些问题。本章的组合抗震设计谱采用一种随周期连续变化的规准化函数对伪速度反应谱进行规准，这样不仅可以反映地震动反应谱在不同区段的特性，还使得所得到的规准反应谱在全周期段均具有较好的一致性，同时也避免了采用 3 个固定规准化参数（PGA、PGV、PGD）所造成的设计谱不连续的问题。本章分别给出了水平地震动分量和竖向地震动分量组合抗震设计谱的参数，其中竖向设计谱的拐角周期小于水平向谱对应的周期，在设计加速度幅值相同情况下，竖向谱的速度和位移幅值偏小。

第 9 章 统一抗震设计谱

9.1 引　言

由第 4 章至第 7 章的分析知，与规准加速度反应谱不同，双规准反应谱可以很好地反映地震动的普遍规律和特性，具体表现为：不同场地、不同震级、不同距离、水平向或竖向的地震动的平均双规准反应谱之间都非常相近。这一特征不仅有助于进一步认识地震动的特性，而且对于推动反应谱理论的发展，更好地解决地震工程中普遍存在的工程抗震实际问题有着重要的意义。此外，该方法为给出一种统计特性更为优越的抗震设计谱提供了重要的依据。本章将对众多因素影响下的双规准反应谱进行比较，基于自由场地 1 062 条水平向地震动双规准反应谱的平均结果，给出一种统一的抗震设计谱标定方法。为与现行抗震设计规范相衔接，本章提供了确定工程场地地震动卓越周期的参考方案，给出了确定统一抗震设计谱的步骤，并与规范设计谱进行了比较，最后指出了研究中存在的不足之处和需要进一步解决的问题。

9.2　双规准反应谱的简化

通过对第 7 章收集到的自由场地的 531 个台站的 1 062 条水平向地震动分量的统计分析表明，与规准反应谱不同，震级、距离和场地条件对双规准谱形态、谱值的影响都较小，说明双规准谱有着较好的规律性和统一性。这样就可以忽略场地条件、震级和距离的影响。本章对各种场地、各震级和各距离范围上的双规准谱进行了平均计算。对 1 062 条地震动记录统计得到的平均双规准反应谱（50%）及其 +1 倍标准差曲线（84.1%），如图 9.1 所示。

同样，考虑场地条件、震级和距离的影响，第 7 章还研究了 531 条竖向地震动分量两种反应谱的特征，得到了与水平向地震动反应谱基本一致的结论。为了考查地下地震动的特征，第 6 章中考虑场地条件和深度的影响，分别研究了 120 个台站的水平向和竖向地震动分量的规准反应谱和双规准反应谱的特征，发现场地条件和深度对双规准反应谱的影响也较小。这样就可以将自由场地竖向地震动分量的双规准谱、地下水平向地震动分量的双规准谱、地下竖向地震动分量的双规准谱分别进行平均，与自由场地水平向地震动分量的平均双规准谱进行比较,比较结果如图 9.2 所示。由图 9.2 知它们之间的平均双规准谱之间也基本吻合,仅自由场地竖向地震动的平均谱在相对长周期段的谱值偏大。这充分表明双规准谱有着较好的规律性和统一性。

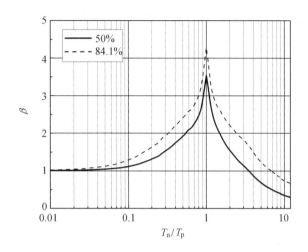

图 9.1 自由场地水平向地震动不同概率的双规准反应谱

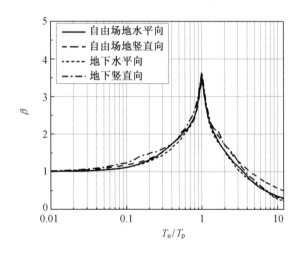

图 9.2 不同地震动分量平均双规准反应谱的比较

双规准谱的统一性使得对抗震设计谱的统一表达成为可能,在实际工程应用中要求设计谱的表达形式简单实用。为便于表述,本节采用式(9.1)和式(9.2)描述图 9.1 中具有两种统计概率的双规准反应谱,并称这一简化后的双规准谱为统一设计谱。

$$\beta_{50\%} = \begin{cases} 1 + 2.5(T_n / T_p) \\ 3.5(T_n / T_p)^{-1} \end{cases}, \qquad 0 < T_n/T_p < 12 \qquad (9.1)$$

$$\beta_{84.1\%} = \begin{cases} 1+3.2(T_n/T_p) \\ 4.2(T_n/T_p)^{-0.75}, \end{cases} \qquad 0 < T_n/T_p < 12 \qquad (9.2)$$

式中，$\beta_{n\%}$为具有 $n\%$概率的统一设计谱；T_n为结构的自振周期；T_p指用于规准横坐标的周期参数，通常为某种反应谱峰值周期。

图 9.3 所示为不同概率的双规准谱与统一设计谱之间的对比，可以看出，统一设计谱与双规准反应谱之间是基本吻合的，两者的主要差别集中在峰值两侧较小的范围内。图 9.4 所示为不同概率统一设计谱之间的对比。在规范设计谱中通常用平台段表示设计谱的卓越分量段，为了与现行规范相衔接，可以用某一高度的直线（如$\beta_{max}=2.25$）去截统一谱的峰值部分，即用平直线段来取代统一谱峰值区段的表达，如图 9.4 所示。

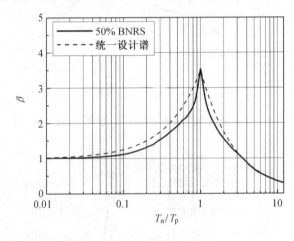

（a）平均双规准谱

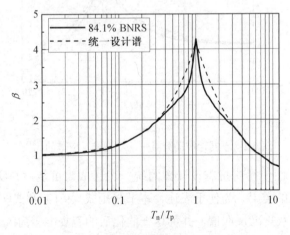

（b）平均双规准谱+标准差

图 9.3　不同概率的双规准谱与统一设计谱之间的对比

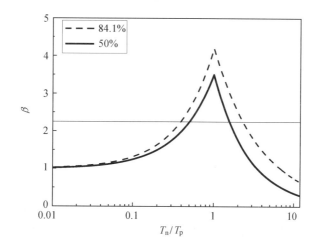

图 9.4　不同概率统一设计谱之间的对比

9.3　T_p 周期值的确定

要将统一设计谱应用于抗震设计，需要确定 T_p 的取值。目前，确定 T_p 的取值主要可以参考以下几种方法：

（1）经验法。卓越周期通常与场地条件、震级和距离等因素相关。在这些信息都比较详细时，T_p 可以通过经验方法加以确定。但研究[124]发现，地震动卓越周期具有较大的离散性，简单地使用统计得到的结果会增大设计谱的不确定性。

（2）按规范中的特征周期进行转换。另外一种确定地震环境相关工程场地地震动卓越周期的方法是直接参考现行规范设计谱的特征周期取值，但需要按一定的关系式将设计特征周期转换为相应的 T_p。关于利用经验公式或现行规范确定 T_p 及统一设计谱的步骤和流程将在下一节中叙述。

（3）地脉动法和标准钻孔法。可以参考地脉动方法观测、计算的结果确定卓越周期 T_p 的取值，这种方法的有效性已被许多研究所证实[125-127]。另一种确定场地动力特性的有效方法为标准钻孔法[128]。值得注意的是，卓越周期 T_p 与场地特征周期 T_g 的概念不同。场地特征周期反映了场地土的固有动力特征，而卓越周期 T_p 是震源机制、传播路径和场地土作用共同影响的结果，因此，同一场地上不同地震动的卓越周期 T_p 可能差别明显[129]。但对冲积层软弱土场地，如墨西哥城的场地条件，由于其场地的特殊性，该场地地震动的卓越周期与该场地的特征周期十分接近[130]。在目前还不能较好估计地震动卓越周期的情况下，可以近似认为 T_p 等于 T_g，或者根据 T_g 的值估计 T_p。但就目前的场地动力特性和地震动估计水平而言，仍处于研究发展阶段。

9.4　考虑工程场地地震环境的设计谱

当工程场地的地震环境和设计参数已经确定，图 9.4 中的统一设计谱就可用于估计该工程场地的设计反应谱了。为进行比较，本章计算了按 Newmark 方法（见第 2 章）建立的设计反应谱，并与本书基于统一设计谱预测得到的设计谱进行了比较。

如前文所述根据 Newmark 方法估计场地的设计谱，需要给定该工程场地的设计加速度 PGA、速度 PGV、位移 PGD 和与它们分别对应的放大系数 α_A、α_V 和 α_D，以及场地条件、震级和距离等参数。例如，假定某一工程场地为 SC 类场地，断层距 $R = 60$ km，震级 $M_w = 7.0$，若该地区的设计地面加速度 PGA = 0.4 g，那么可以根据典型的地震动幅值关系（PGA = 1 g、PGV = 48 m/s、PGD = 36 m）计算出其对应的设计速度和设计位移：PGV = 48.8 cm/s，PGD = 36.6 cm。具有 50% 超越概率且阻尼比 ξ = 5% 的放大系数 α_A = 2.12、α_V = 1.65 和 α_D = 1.59，这就可以按照本书第 2 章所述的方法得到 Newmark 方法设计谱，如图 9.5 所示。

对于统一设计谱，在场地条件、震级、断层距给定的情况下，卓越周期 T_p 可以通过经验公式计算确定，在此次对比中 T_p=0.346 s。若场地的设计地面加速度 PGA=0.4 g，用 50% 概率的统一设计谱的纵坐标和横坐标分别乘 PGA 和 T_p 就可以得到可供工程使用的场地相关设计谱。图 9.5（b）所示为按 Newmark 方法和本书方法分别建立的设计谱。可以发现，两种不同方法确定的设计谱吻合得较好，只有在短周期段和平台段两种谱之间出现较小的差别，主要是这些周期段的表达形式不同造成的。本书确定的设计谱的平台高度取值为 β_{max}=2.25 时，其平台段的谱值稍高于 Newmark 设计谱。而在长周期段两种谱的差别很小，主要是由于两种谱长周期段的下降速度参数的取值相近。

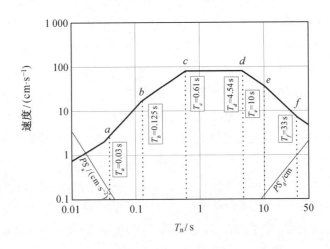

（a）Newmark 设计谱

图 9.5　基于统一谱的场地相关设计谱预测

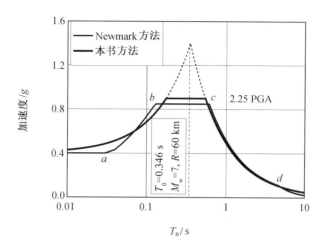

（b）两种场地相关设计谱

续图 9.5

由上文分析知，统一设计谱的应用与卓越周期 T_p 的取值关系密切。在不能准确预测其取值的情况下，考虑到场地土的复杂性和实际地震动的宽频性及未来地震动的不确定性，解决这一问题的试用方案就是给出地震动卓越周期取值范围，如 $T_{01} \sim T_{02}$，尤其对软弱土场地而言，这一方法十分必要。当然，周期范围的大小可以采用经验的或是测定的办法结合工程的特点加以确定。这样设计谱的谱形即为分别按两控制周期确定的设计谱的包络线，如图 9.6 粗实线所示。

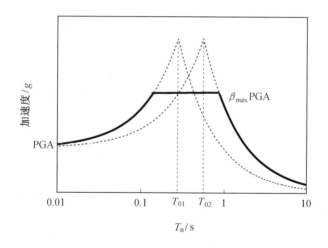

图 9.6　考虑 T_0 取值范围的设计谱

9.5　考虑与规范相衔接的设计谱

9.5.1　与国内规范的衔接

与《建筑抗震设计规范》（GB 50011—2001）相衔接，可参考规范规定，将现行规范中的设计特征周期 T_g 转换为工程场地地震动卓越周期 T_p。对统一设计谱：

$$\beta_{50\%} = \begin{cases} 1 + 2.5(T_n / T_p) \\ 3.5(T_n / T_p)^{-1} \end{cases} \tag{9.3}$$

用 $\beta_{max} = 2.25$ 的平直线截取统一谱的峰值部分可得到与统一谱上升段和下降段相交的两拐角点 T_1 和 T_2，如图 9.7 所示。由于统一谱的横坐标仍然为相对周期坐标，因此 T_1 和 T_2 均为无量纲量。统一谱上升段和下降段分别有

$$\beta_{max} = 1 + 2.5(T_n / T_p) = 2.25 \Rightarrow T_1 = (T_n / T_p) = (\beta_{max} - 1) / 2.5 = 0.50 \tag{9.4a}$$

$$\beta_{max} = 3.5(T_n / T_p)^{-1} = 2.25 \Rightarrow T_2 = (T_n / T_p) = (\beta_{max} / 3.5)^{-1} = 1.56 \tag{9.4b}$$

若统一谱中的 T_1 和 T_2 分别对应工程场地设计反应谱的第一拐角周期 T_0 和第二拐角周期 T_g，可得

$$T_0 = T_1 \cdot T_p = 0.5T_p \tag{9.5a}$$

$$T_g = T_2 \cdot T_p = 1.56T_p \tag{9.5b}$$

于是对应规范给定的特征周期 T_g，可以按式（9.5a）和式（9.5b）计算出相应的工程场地地震动卓越周期 T_p。按规范转换得到的地震动卓越周期的取值见表 9.1。

表 9.1　按规范转换得到的地震动卓越周期 T_p 的取值

设计地震分组	场地类别（β_{max}=2.25）			
	I	II	III	IV
第一组	0.160	0.224	0.289	0.417
第二组	0.192	0.256	0.353	0.481
第三组	0.224	0.289	0.417	0.577

用图 9.7（a）中统一设计谱的纵坐标和横坐标分别乘设计地面加速度 PGA 和地震动卓越周期 T_p，就可以得到工程应用的抗震设计谱。图 9.7（b）所示为不同场地上基于统一谱的建议设计谱与规范设计谱谱形的比较。由图 9.7 知，本节建议的设计谱与规范设计谱相近，但长周期段小于规范设计谱的谱值。

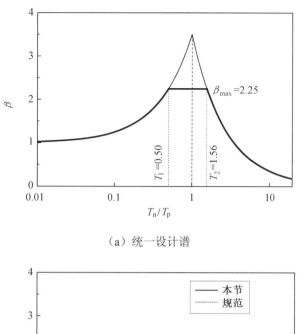

（a）统一设计谱

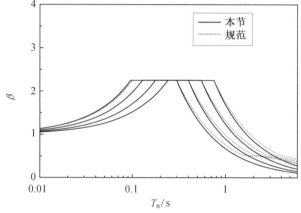

（b）与规范设计谱的比较

图 9.7 基于统一谱的设计谱与规范设计谱的比较

9.5.2 与国外规范的衔接

以美国 UBC 97 规范为例，设计反应谱平台段的高度 $\beta_{max}=2.5$，即用高度为 2.5 的平直线截取统一设计谱的峰值部分也可得到与统一谱上升段和下降段分别相交的两拐角点 T_1 和 T_2，如图 9.8（a）所示，$T_1=0.60$，$T_2=1.40$。参考式（9.4）可得到对应于 $\beta_{max}=2.5$ 的两拐角点横坐标的取值：

与式（9.4a）和式（9.4b）相比，随平台高度取值的增大，T_1 的值增大，而 T_2 的值减小。若统一设计谱中的 T_1 和 T_2 分别对应工程场地设计反应谱的第一拐角周期 T_0 和第二拐角周期 T_g，可得

$$T_0 = T_1 \cdot T_p = 0.60 T_p \tag{9.6a}$$

$$T_g = T_2 \cdot T_p = 1.40 T_p \tag{9.6b}$$

对应于抗震规范（GB 50011—2001）给定的特征周期 T_g，可以按式（9.6b）计算出相应的场地地震动卓越周期 T_p，见表 9.2。

表 9.2   按式（9.6b）计算出相应的场地地震动卓越周期 T_p

设计地震分组	场地类别（$\beta_{max}=2.50$）			
	I	II	III	IV
第一组	0.179	0.250	0.321	0.464
第二组	0.214	0.286	0.393	0.536
第三组	0.250	0.321	0.464	0.643

图 9.8（b）所示为不同场地上 $\beta_{max}=2.5$ 时统一设计谱与规范设计谱谱形的比较。可以看出统一设计谱平台高度的增加提高了中长周期段的谱值，但也适当降低了短周期段的取值。

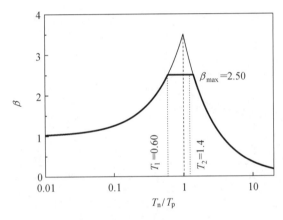

（a）统一设计谱

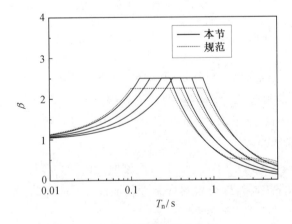

（b）与规范设计谱的比较

图 9.8   统一谱设计谱与规范设计谱的比较

9.5.3　阻尼比对设计谱的影响

阻尼比影响下的统一设计谱可以表示为

$$\beta_{u\xi} = \begin{cases} (aX+b)(1+AX), & 0<X<1 \\ (aX+b)(BX^{-\gamma}), & X \geqslant 1 \end{cases} \tag{9.7}$$

式中，$X=T_n/T_p$；A、B 和 γ 为 0.05 阻尼比统一设计谱的形状控制参数；a 和 b 的取值见表 9.3。若取 $A=2.5$、$B=3.5$、$\gamma=11$、$\eta=0.05/\xi$，则阻尼比为 ξ 的统一设计谱的表达式为

$$\beta_{u\xi} = \begin{cases} (3.5\eta^{0.3} - 3.5\eta^{0.015} + 2.5) \cdot X + 1, & 0<X<1 \\ 3.5(\eta^{0.3} \cdot X^{-1} - \eta^{0.015} + 1), & X \geqslant 1 \end{cases} \tag{9.8}$$

表 9.3　阻尼比拟合系数

拟合系数	阻尼比 ξ						
	0.01	0.02	0.05	0.07	0.10	0.15	0.20
a	-0.021 6	-0.010 4	0	0.005 4	0.011 3	0.017 6	0.021 1
b	1.670 1	1.346 5	1	0.900 7	0.817 1	0.734 0	0.659 6

不同阻尼比统一设计谱的谱形确定以后，就可以分别将其纵坐标和横坐标乘对应的设计地面加速度和地震动卓越周期计算设计反应谱。另外，不同阻尼比设计谱平台高度的确定可以遵循第二拐角周期不随阻尼比变化的原则，即 0.05 阻尼比设计谱的拐角周期为多少，就可以以该周期对应的谱值作为对应阻尼比设计谱的平台高度。

图 9.9 所示为 $\beta_{max}=2.25$ 时 S II 场地上不同阻尼比（$\xi=0.01$、0.02、0.05、0.10 和 0.20）的统一设计谱与规范设计谱的比较。

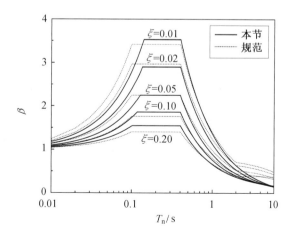

图 9.9　$\beta_{max}=2.25$ 时 S II 场地上不同阻尼比的统一设计谱与规范谱的比较

可以看出，在小于第一拐角周期的短周期段，不同阻尼比的建议谱低于相应的规范谱；在平台段，除阻尼比等于 0.02 和 0.05 外，其他阻尼比的建议谱略高于规范设计谱；在大于第二拐角周期的长周期段的建议谱低于规范谱。

9.6　对其他类别设计谱的建议

本章讨论了考虑水平向地震作用的抗震设计谱的估计和应用问题，对于其他类别地震动作用的设计谱的估计均可以根据统一设计谱的表达形式并参照水平地震作用设计谱得到。

综合考虑双规准反应谱特性、地下地震动的工程特性，以及与现行规范的衔接，本节对其他类别地震作用下的设计反应谱做如下建议：

竖向地震作用设计谱：

（1）计算竖向地震作用时采用的统一设计谱同水平向统一设计谱，但竖向统一设计谱的下降段衰减指数的取值 γ_V 不大于相应水平向统一设计谱的 γ_H，若 $\gamma_H = 1$，则建议 γ_V 的取值为 0.9。

（2）竖向设计地震加速度 PGA_V 取水平向设计地震加速度 PGA_H 的 0.7 倍，参考取值范围为 0.5～1.0。

（3）竖向作用设计谱的地震动卓越周期 T_{pV} 取水平向设计地震加速度 T_{pH} 的 0.7 倍，参考取值范围为 0.7～1.0。

为了与实际地震动的反应谱比率 V/H 进行比较，取 $\gamma_H=1$、$\gamma_V=0.9$、$PGA_V=0.7\,PGA_H$、$T_{pV}=0.7\,T_{pH}$，可以得到水平向与竖直向统一设计谱的比率，与实际地震动反应谱比率的比较如图 9.10 所示。由图知，实际地震动的谱比与统一设计谱的谱比的变化趋势基本类似。因此，基于统一设计谱可以较好地反映水平向与竖向设计谱的关系。

地下地震作用设计谱：

（1）地下地震作用设计谱（包括水平向和竖直向）均采用自由场地水平向地震作用的统一设计谱形式。

（2）地下地震作用设计地震加速度 PGA 的取值以地下地震动幅值变化规律为参考依据确定，建议取地表设计地震加速度的 0.5～1.0 倍；地下作用设计谱的卓越周期不随深度的变化而变化。

（3）设计谱的建立方法同自由场地水平地震作用设计谱。

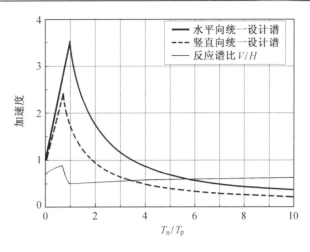

（a）竖向与水平向统一谱

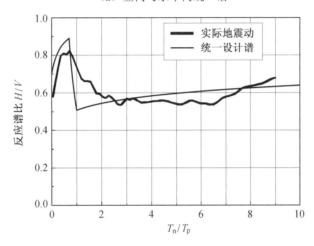

（b）统一设计谱比与地震动谱比

图 9.10　地震动谱比与统一设计谱比之间的比较

9.7　本章小结

　　本章的分析表明，简单地震动模型、地震动水平分量、地震动竖向分量、近断层脉冲型地震动、远场类谐和地震动和地下工程地震动，其双规准反应谱均表现出非常一致的规律。不同震级、场地和距离类别中的地震动双规准反应谱具有非常相似的特征。因此，采用双规准反应谱能够表示地震动反应谱的统一特性。本章基于双规准反应谱的特性，给出了一种抗震设计谱标定方法，并称这一方法为统一抗震设计谱。为便于这一方法的应用，本章讨论了统一抗震设计谱方法与现有抗震规范的衔接。不论是双规准反应谱的概念，还是统一设计谱的预测及应用方法都与传统的设计谱不同，同时这种新的设计谱的预测方法还存在许多不足之处，也有待于进一步的研究和完善。

第10章 基于地震动分量的设计谱标定方法

10.1 引 言

如本书第 5 章所述，脉冲型地震动通常具有较大的速度和位移幅值，具有典型的长周期特征，能够对长周期结构造成显著影响[34, 85, 131-133]。目前，国内外学者已普遍认为对于断层区建筑结构的抗震设计应当考虑脉冲型地震动的特殊影响。目前，一些学者采用近场影响系数考虑这类地震动的影响，但同时有学者指出采用这一方法并不能有效解决这一问题。因为在设计中通过这一影响系数并没有考虑脉冲型地震动中的特殊长周期成分[7]。

Somerville[89]指出脉冲型地震动反应谱中长周期段的形态随着震级大小的变化而变化。此外，脉冲型地震动表现出较大的离散性，采用传统的谱标定方法很难有效描述该类地震动反应谱的特性[134-136]。如前文所述，传统的设计谱标定方法大都是选取一定数量的地震动记录计算其平均反应谱，然后采用一个数学表达式描述这一平均反应谱，并使其与震级、场地和距离等因素相关[137]。幅值、频谱和持时是地震动的三要素。如前文所述，为消除幅值的影响，通常采用规准反应谱进行分析。持时能够影响建筑结构的非弹性变形[138-140]。但对于弹性系统，持时的影响并不明显。随着研究的深入，学者们普遍认为频谱是影响地震动反应谱形态最重要的因素[141]。为消除频谱对反应谱的影响，双规准反应谱是一可参考的有效途径。然而对于一些具有多个谱峰值的地震动记录，很难准确确定其卓越周期[142]。

本章介绍了一种不同于传统方法的设计谱标定方法。本章以选自 12 次地震的 53 条脉冲型地震动为数据基础，采用小波分析中的多尺度分析方法获取地震动中不同频率的分量，采用概率方法确定不同频率成分地震动分量的峰值加速度，并给出了一种基于地震动分量双规准反应谱标定设计谱的方法。这种方法能够有效考虑脉冲型地震动的反应谱特征。最后本章方法与我国《建筑抗震设计规范》（GB 50011—2010）、欧洲规范（Eurocode 8）、《美国统一建筑规范》（UBC—97）和国际建筑规范（IBC 2012）进行了对比。

10.2　多尺度分析方法

根据小波分析理论，一个复杂的函数可以分解成几个简单的函数。此外鉴于小波分析能够有效分析非平稳信号，其在地震数据的分析中已得到广泛的应用。与傅立叶分析不同，它并不是简单地将信号等效成一系列的简谐波，而是等效成一系列的小波函数。本章采用小波分析中的多尺度分析方法分析地震动，并用于获取不同频率成分的地震动分量。目前已有大量的文献介绍多尺度分析的理论及算法，本章仅介绍该方法的基本理论和特性。

假设 V_j，$j \in \mathbf{Z}$ 是 $L^2(\mathbf{R})$ 空间的一个子空间。假如 V_j，$j \in \mathbf{Z}$ 满足以下几种特性，则 $\{V_j\}_{j \in \mathbf{Z}}$ 是 $L^2(\mathbf{R})$ 空间的一个多尺度分析。

$$\begin{cases} V_j \subset V_{j-1} \\ \overline{\bigcup_{j \in \mathbf{Z}} V_j} = L^2(\mathbf{R}) \\ \bigcap_{j \in \mathbf{Z}} V_j = \{0\} \\ f(t) \in V_{j-1} \Leftrightarrow f(2t) \in V_j \end{cases} \tag{10.1}$$

此外，存在一个尺度函数 $\phi(t)$，且集合 $\{\phi_{j,k}(t) = 2^{-j/2}\phi(2^{-j}t - k), k \in \mathbf{Z}\}$ 是 V_j 空间的一组标准正交基。因此在 V_j 空间内的任意一个函数均可以表示成集合 $\{\phi_{j,k}(t) \mid k \in \mathbf{Z}\}$ 的线性和。因此，一目标函数 $x(t)$ 在 V_j 空间内的投影可以表示为

$$x_j(t) = \sum_k <x(t), \quad \phi_{j,k}(t)> \phi_{j,k}(t) \tag{10.2}$$

当 $x(t)$ 的投影从一个尺度空间移动到另外一个尺度空间时，必然存在明显的差异。为求取这种差异，在多尺度分析的理论中定义了小波空间 W_j，且存在小波函数 $\psi(t)$，集合 $\{\psi_{j,k}(t) = 2^{-j/2}\psi(2^{-j}t - k), k \in \mathbf{Z}\}$ 是小波空间 W_j 的一组标准正交基。如果 $x_j(t)$ 和 $x_{j-1}(t)$ 分别是函数 $x(t)$ 在空间 V_j 和 V_{j-1} 内的投影，则剩余函数 $w_j(t) = x_{j-1}(t) - x_j(t)$ 是函数 $x(t)$ 在空间 W_j 内的投影，因此 $w_j(t)$ 函数可以表示为

$$w_j(t) = \sum_k <x(t), \quad \psi_{j,k}(t)> \psi_{j,k}(t) \tag{10.3}$$

因此，W_j 空间是 V_{j-1} 空间和 V_j 空间的正交补集。因此，$L^2(\mathbf{R})$ 可表示为

$$L^2(\mathbf{R}) = W_1 \oplus W_2 \oplus W_3 \oplus \cdots \oplus V_j \tag{10.4}$$

多尺度分析的空间分解图和示意图如图 10.1 所示。因此一个函数 $x(t)$ 可以表示为不同空间投影的线性和：

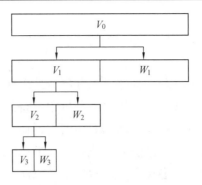

图 10.1　多尺度分析空间分解示意图

$$x(t) = \sum_{i=1}^{j} w_i(t) + x_j(t) \qquad (10.5)$$

为便于理解，本节将 w_1，w_2，…，w_j，x_j 记为 C_1，C_2，…，C_j，C_{j+1}，其中 C 是单词 Component 的缩写。因此，确定最大分解尺度 j 是该方法的重要问题之一。在本节的研究中，如 w_{j+1} 或 x_{j+1} 不表现出明显的震荡特性，或它们的峰值加速度小于原始地震动峰值加速度的 1%，则 j 为最大的分解尺度。本节以集集地震 TCU103 台站地震动为例，采用多尺度分析方法获取其 7 条地震动分量。原始地震动（OGM）及其 7 条地震动分量的加速度和速度时程分别如图 10.2 和图 10.3 所示。在图 10.2 和图 10.3 中，T_i（i = 1，2，3，4，5，6，7）为相应地震动分量加速度反应谱的峰值周期。由图知，不同地震动分量的频率成分各不相同。

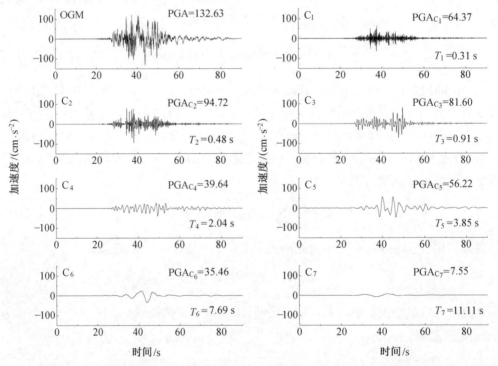

图 10.2　采用多尺度方法获取的集集地震 TCU103 台站及其 7 条地震动分量的加速度时程

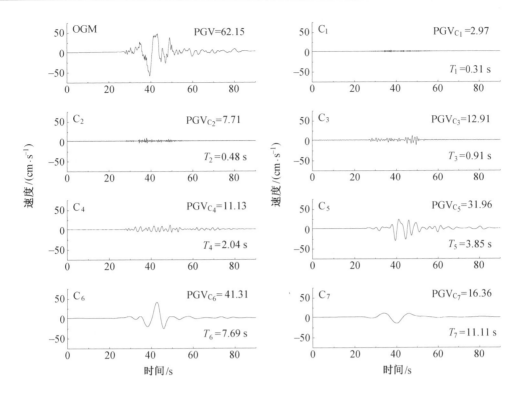

图 10.3　采用多尺度方法获取的集集地震 TCU103 台站及其 7 条地震动分量的速度时程

10.3　脉冲型地震动记录

本章以文献[82]搜集到的脉冲型地震动为数据资料，逐步阐述采用多尺度分析方法获取地震动分量，并基于地震动分量的双规准反应谱标定设计谱。表 10.1 给出了所选地震动记录的信息，这些记录的震级相对于场地的分布如图 10.4 所示。

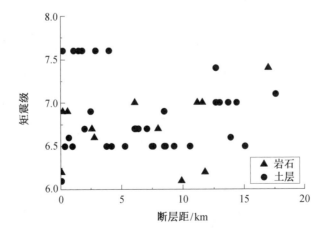

图 10.4　用于本章分析的脉冲型地震动记录震级-距离分布图

表 10.1　本章所选脉冲型地震动信息表

编号	地震名称	台站名称	断层距 R/km	场地	PGA /g	PGV /(cm·s⁻¹)	PGD /cm
1	美国帕克菲尔德地震	Cholame#2	0.1	土层	0.47	75	22.5
2	(1966/06/27, M_w=6.1)	Temblor	9.9	岩石	0.29	17.5	3.17
3	美国圣费尔南多地震 (1971/02/09, M_w=6.6)	Pacoima dam	2.8	岩石	1.47	114	29.6
4		Brawley airport	8.5	土层	0.21	36.1	14.6
5		EC County center FF	7.6	土层	0.22	54.5	38.4
6		EC Meloland overpass FF	0.38	土层	0.38	115	40.2
7		EI Centro arrar#10	8.6	土层	0.23	46.9	31.4
8		EI Centro arrar#3	9.3	土层	0.27	45.4	17.9
9	美国因皮里尔河谷地震	EI Centro arrar#4	4.2	土层	0.47	77.8	20.7
10	(1979/10/15, M_w=6.5)	EI Centro arrar#5	1	土层	0.53	91.5	61.9
11		EI Centro arrar#6	1	土层	0.44	112	66.5
12		EI Centro arrar#7	10.6	土层	0.46	109	45.5
13		EI Centro arrar#8	3.8	土层	0.59	51.9	30.8
14		EI Centro diff. Array	5.3	土层	0.44	59.6	38.7
15		Holtville post office	7.5	土层	0.26	55.1	33
16		Westmorland fire sta	15.1	土层	0.1	26.7	19.2
17	美国摩根希尔地震	Coyote lake dam	0.1	岩石	1	68.7	14.1
18	(1984/04/24, M_w=6.2)	Gilroy array#6	11.8	岩石	0.61	36.5	6.6
19	美国迷信山地震	EI Centro Imp. co. cent	13.9	土层	0.31	51.9	22.2
20	(1987/11/24, M_w=6.6)	Parachute test site	0.7	土层	0.42	107	50.9
21		Gilroy-gavilan coll.	11.6	岩石	0.41	30.8	6.5
22		Gilroy-historic bldg.	12.7	土层	0.29	36.8	10.1
23		Gilroy array#1	11.2	岩石	0.44	38.6	7.2
24	美国洛玛-普雷塔地震	Gilroy array#2	12.7	土层	0.41	45.6	12.5
25	(1989/10/17, M_w=7.0)	Gilroy array#3	14.4	土层	0.53	49.3	11
26		LGPC	6.1	岩石	0.65	102	37.2
27		Saratoga-Aloha Ave	13	土层	0.38	55.5	29.4
28		Saratoga-W Valley Coll.	13.7	土层	0.4	71.3	20.1

续表 10.1

编号	地震名称	台站名称	断层距 R/km	场地	PGA /g	PGV /(cm·s^{-1})	PGD /cm
29	土耳其埃尔津詹地震 (1992/03/13, M_w=6.7)	Erzincan	2	土层	0.49	95.5	32.1
30	美国北岭市地震 (1994/01/17, M_w=6.7)	Jensen filter plant	6.2	土层	0.62	104	45.2
31		LA dam	2.6	岩石	0.58	77	20.1
32		Newhall-fire Sta	7.1	土层	0.72	120	35.1
33		Newhall-W. Pico Cyn. Rd	7.1	土层	0.43	87.7	55.1
34		Pacoima dam (downstr)	8	岩石	0.48	49.9	6.3
35		Pacoima dam (upper left)	8	岩石	1.47	107	23
36		Rinaldi receiving Sta	7.1	土层	0.89	173	31.1
37		Sylmar-converter Sta	6.2	土层	0.8	130	54
38		Sylmar-converter Sta E	6.1	土层	0.84	116	39.4
39		Sylmar-olive view FF	6.4	土层	0.73	123	31.8
40	日本神户地震 (1995/01/17, M_w=6.9)	KJMA (Kobe)	0.6	岩石	0.85	96	24.5
41		Kobe University	0.2	岩石	0.32	42.2	13.1
42		OSAJ	8.5	土层	0.08	19.9	9.2
43		Port Island (0 m)	2.5	土层	0.38	84.3	45.1
44	土耳其科喀艾里地震 (1999/08/17, M_w=7.4)	Arcelik	17	岩石	0.21	42.3	44.4
45		Duzce	12.7	土层	0.37	52.5	16.4
46		Gebze	17	岩石	0.26	40.7	39.5
47	中国台湾集集地震 (1999/09/21, M_w=7.6)	TCU052	0.2	土层	0.35	159	105.1
48		TCU068	1.1	土层	0.57	295.9	101.4
49		TCU075	1.5	土层	0.33	88.3	39.5
50		TCU101	2.9	土层	0.2	67.9	75.4
51		TCU102	1.8	土层	0.3	112.4	89.2
52		TCU103	4	土层	0.13	61.9	87.6
53	土耳其迪兹杰地震 (1999/11/12, M_w=7.1)	Bolu	17.6	土层	0.82	62.1	13.6

经采用多尺度分解，该 53 条脉冲型地震动分解为 466 条地震动分量。分析表明，这些地震动分量频带非常窄，频率成分简单。鉴于此，本章称这些地震动分量为简单分量（Simple Component，SC）。此外，本章定义了两种组合分量，低频分量（Low-Frequency Component，LFC）和高频分量（High-Frequency Component，HFC）。其中 LFC 是所有周期大于 1 s 的简单分量的线性和。HFC 是所有周期小于 1 s 的简单分量的线性和。需要指出，定义 1 s 作为高低频分量的界限并没有明确的物理意义，仅是为研究不同频率成分对地震动反应谱的影响。

显著的速度脉冲是脉冲型地震动区别于普通地震动的主要特征。目前已有大量的方法用于等效速度脉冲[87, 143-145]。采用多尺度分解方法可以获取一系列的简单分量。分析表明，具有最大速度幅值的简单分量可以用于等效原始地震动的脉冲在时域和频域内的特性。本章采用这一最大速度幅值的简单分量作为原始速度脉冲的近似，并简记为卓越分量（Predominant Component，PC）。此外，本章将减去卓越分量的剩余部分称为剩余分量（Residual Component，RC）。如图 10.2 和图 10.3 所示，$C_1 \sim C_7$ 是简单分量，$C_1 \sim C_3$ 的线性和是高频分量，$C_4 \sim C_7$ 的线性和是低频分量，C_6 是卓越分量，OGM-C_6 是剩余分量。

10.4 反应谱统计特性

10.4.1 规准反应谱

本节简记原始地震动的峰值加速度为 PGA_O，地震动分量的峰值加速度为 PGA_C。图 10.5 所示为采用 PGA_O 进行规准的 5 组数据地震动反应谱及其统计特性。本节分别采用式（5.3）～（5.5）计算其均值、方差和变异系数。由图 10.5（a）知，原始地震动长短周期段的谱加速度分别由其低频分量和高频分量主导；由于剩余分量长周期段的谱加速度仍较大，因此剩余分量中仍含有一定数量的低频成分；卓越分量长周期段的谱加速度较小，因此卓越分量并不能反映原始地震动长周期段的谱特性。由图 10.5（b）知，地震动反应谱长短周期段的方差也分别由其低频分量和高频分量控制。由图 10.5（c）知，在短周期段，地震动分量反应谱的变异系数均大于原始地震动的变异系数。当单自由度体系趋近于 0 时，该体系的加速度反应将与外荷载一致。因为原始地震动采用 PGA_O 进行规准，所以其规准谱加速度在短周期段趋近于 1。地震动分量采用 PGA_O，而不是 PGA_C 进行规准，因此其变异系数大于原始地震动。因此，对于地震动分量，其加速度反应谱应采用 PGA_C 进行规准。

图 10.6 所示为原始地震动采用 PGA_O 进行规准和地震动分量采用 PGA_C 进行规准的反应谱的统计参数。由图 10.6（a）知，所有的均值反应谱在短周期段均趋近于 1。由图 10.6（b）和图 10.6（c）知，所有数据的方差和变异系数在短周期段均等于 0。此外，PC 分量在长周期段的方差和变异系数均最大。这与前人的研究相一致，即脉冲型地震动的速度脉冲具有较大的离散性。即使将速度脉冲去除的剩余分量仍在长周期段表现出较大

的方差和变异系数。

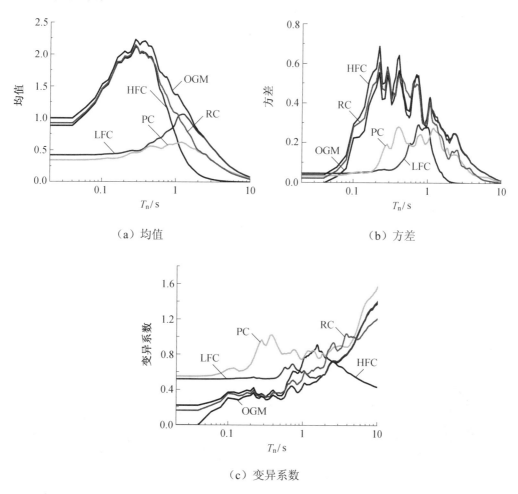

（a）均值

（b）方差

（c）变异系数

图 10.5 采用 PGA_O 进行规准的 5 组数据地震动反应谱及其统计特性

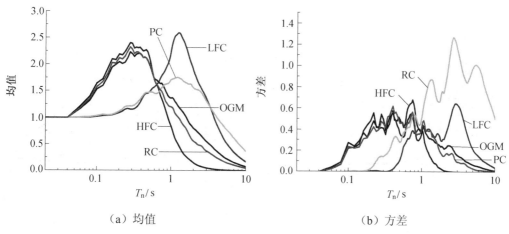

（a）均值

（b）方差

图 10.6 原始地震动采用 PGA_O 进行规准和地震动分量采用 PGA_C 进行规准的反应谱的统计参数

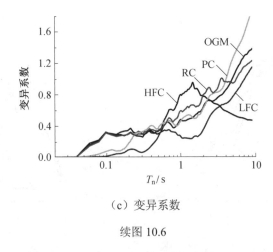

（c）变异系数

续图 10.6

图 10.7 所示为 5 组数据的规准加速度反应谱。由图知，对于 OGM、LFC、HFC 和 RC，其加速度反应谱均具有多个峰值。而对于 PC，其加速度反应谱大多仅只有一个明显的峰值。而在双规准反应谱的计算中，需要确定加速度反应谱的峰值周期。因此，对于 OGM、LFC、HFC 和 RC，并不便于计算其卓越周期。

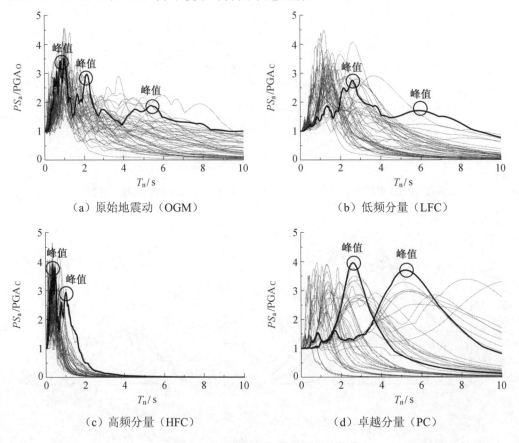

图 10.7　5 组数据的规准加速度反应谱

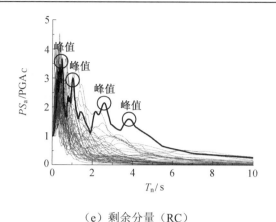

（e）剩余分量（RC）

续图 10.7

10.4.2　双规准反应谱

在本节的双规准反应谱计算中，横坐标采用加速度反应谱的峰值周期作为卓越周期 T_p 进行规准。原始地震动加速度反应谱的纵坐标采用 PGA_O 进行规准，地震动分量加速度反应谱的纵坐标采用 PGA_C 进行规准。图 10.8 所示为 5 组数据双规准反应谱的统计特性。在图 10.8（a）中，5 组数据的平均双规准加速度反应谱的差异并不明显。此外，单自由度体系在原始地震动和地震动分量作用下，体系的动力放大系数没有明显差别。在图 10.8（b）中，PC 的方差值最小，这与图 10.6（b）中的现象相反。因此，双规准反应谱适用于频率成分较为简单的地震动记录。在图 10.8（c）中，HFC 的变异系数最大，因此双规准反应谱不适用于以高频成分为主导的记录。此外，对于 PC，其双规准反应谱的统计特性明显优于其规准反应谱的统计特性。但是对于 OGM、LFC、HFC 和 RC，其两种谱形式的统计特性之间并没有明显差别。

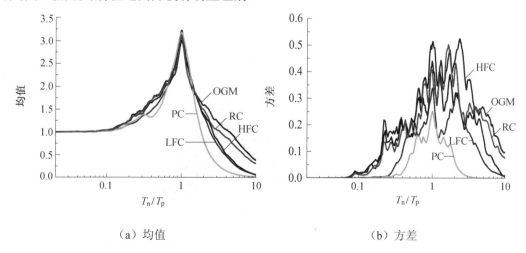

（a）均值　　　　　　　　　　　　（b）方差

图 10.8　5 组数据双规准反应谱的统计特性

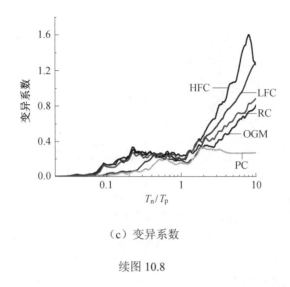

（c）变异系数

续图 10.8

10.4.3　简单分量双规准反应谱

如前文所述，对于 OGM、LFC、HFC 和 RC，其加速度反应谱常具有多个谱峰，而对于 PC，大多具有一个谱峰。事实上，PC 是一种特殊的简单分量。分析表明，其他简单分量的双规准反应谱也表现出与 PC 双规准反应谱相同的特征。本节将讨论简单分量的双规准反应谱，并用于后面设计谱的标定。图 10.9 所示为 466 条简单地震动部分都是分量的双规准反应谱。由图知，整体上不同简单分量之间的双规准反应谱非常接近，大部分都具有一个谱峰。图 10.10 所示为该 466 条简单分量双规准反应谱的统计特性。由图知，方差和变异系数均随阻尼比 ξ 的增大而逐渐减小。在 $T_n/T_p=1$ 时，方差出现最大值，但变异系数并未在此时出现最大值。当 $\xi = 0.05$ 时，最大的变异系数约为 0.5。与图 10.8 对比知，简单分量的双规准反应谱的统计特性要优于原始地震动及组合分量的双规准反应谱的统计特性。

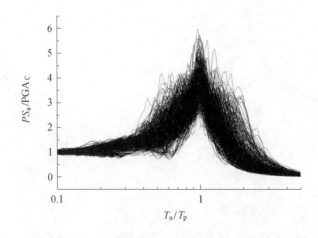

图 10.9　466 条简单地震动分量的双规准反应谱

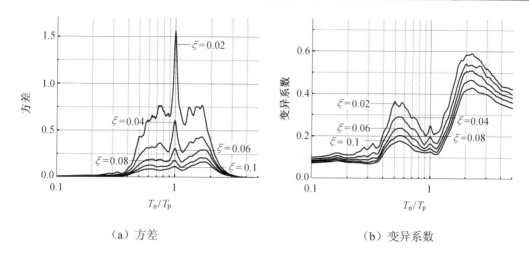

（a）方差　　　　　　　　　　　　　　（b）变异系数

图 10.10　466 条简地震动单分量双规准反应谱的统计特性

本节参考单自由度体系在简谐荷载作用下的放大系数表达式用于描述简单分量的双规准反应谱，具体表达式为式（10.6）。在回归分析时，首先计算阻尼比介于 0 和 0.1 之间且以 0.01 阻尼比为间隔的 466 条简单分量的平均双规准反应谱，然后采用文献[146]提出的方法计算式（10.5）中的参数。

$$\beta_{ij} = 1/\sqrt{(1 - ar_{\mathrm{T}}^c)^2 + br_{\mathrm{T}}^c} + \eta_i + \varepsilon_{ij} \qquad (10.6)$$

式中，β_{ij} 是第 i 个阻尼比 ξ 第 j 个 r_{T}（$r_{\mathrm{T}} = T_{\mathrm{n}}/T_{\mathrm{p}}$）时的 β（$\beta = PS_a/\mathrm{PGA}$）；$a = k_1\xi + k_2$；$b = k_3\xi + k_4$；$c = k_5(10\xi + k_6)^2 + k_7$；$k_1 \sim k_7$ 是回归分析参数；η_i 和 ε_{ij} 分别为事件间和事件内的方差。事件间和事件内的残差通常假定为独立正态分布，且其方差分别为 τ^2 和 σ^2。因此，样本的总方差为 $\sigma_{\mathrm{total}}^2 = \tau^2 + \sigma^2$。简单分量双规准反应谱回归分析的结果见表 10.2。

表 10.2　简单分量双规准反应谱回归分析的结果

回归参数	k_1	k_2	k_3	k_4	k_5	k_6	k_7	σ	τ	σ_{total}
回归结果	-0.910	-0.974	1.081	0.023	-0.308	-1.021	1.303	0.691	0.113	0.700

图 10.11 所示为 5 种不同阻尼比时回归双规准反应谱与实际平均双规准加速度反应谱的对比。需要指出的是，简单分量并不是理想的简谐波，简单分量的频率成分要比简谐波的频率成分复杂。这是造成回归分析结果与实际结果之间存在差异的主要原因，但两者之间的差异并不明显，回归分析结果能够反映实际平均双规准反应谱的主要特征。

图 10.12 所示为集集地震 TCU103 台站地震动及其 3 条地震动分量的加速度反应谱的对比。由图知，3 条分量反应谱的谱值分别在其卓越周期 T_{p} 时与原始地震动的反应谱值最为接近，但两者之间仍存在一定的差异。为描述这一差异，本节定义了反应谱比：

其中，PS_{aO} 是原始地震动的加速度反应谱；PS_{aC} 是简单分量的加速度反应谱；T_p 是简单分量的卓越周期。

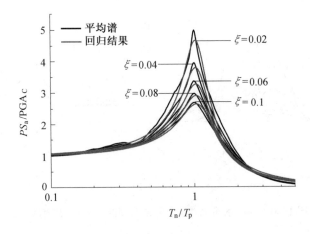

图 10.11　5 种不同阻尼比时回归双规准反应谱与实际平均双规准加速度反应谱的对比

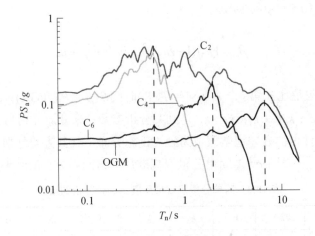

图 10.12　集集地震 TCU103 台站地震动及其 3 条地震动分量的加速度反应谱的对比

$$R_S = \frac{PS_{aO}\big|_{T_n=T_p}}{PS_{aC}\big|_{T_n=T_p}} \tag{10.7}$$

图 10.13 所示为 466 条地震动分量 R_S 与 T_p 的回归关系，并采用式（10.8）描述两者之间的关系，即

$$R_S = 0.136^{(\ln T_p + 2.661)} + 1.347 \tag{10.8}$$

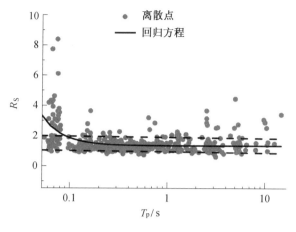

图 10.13　446 条地震动分量 R_S 与 T_p 的回归关系

10.5　地震动分量峰值加速度特性

10.5.1　概率分布

本节采用概率方法分析简单分量的峰值加速度。由于断层机制、震级大小、传播效应和场地条件等因素的影响，原始地震动的 PGA 之间存在很大差异。鉴于此，本节采用相对加速度（r_{PGA} = PGA_C/PGA_O），即地震动分量峰值加速度 PGA_C 和原始地震动峰值加速度 PGA_O 之间的比值，进行分析。

图 10.14 所示为 466 条简单地震动分量的 r_{PGA} 相对于卓越周期 T_p 的分布图。作为一个分析案例，本节从中选取了两个样本，周期介于 0.2 s 和 0.3 s 之间的样本 1，以及周期介于 1 s 和 2 s 之间的样本 2，并用这两个样本分别代表高频简单分量和低频简单分量。由于大多数简单分量的周期较小，因此两个样本的周期间隔不同，两种样本中的样本数量均约为 60。

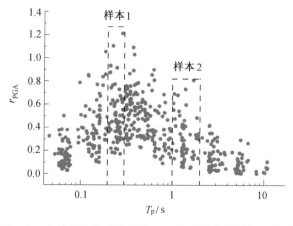

图 10.14　466 条简单地震动分量的 r_{PGA} 相对于卓越周期 T_p 的分布图

分析发现，两个样本中的 r_{PGA} 均服从对数正态分布。对数正态分布的概率密度函数为式（10.9）。图 10.15 所示为两个样本规准化的频数分布直方图以及回归得到的概率密度函数。图 10.16 所示为两个样本的 Q-Q 图。由图知，采用对数正态分布能够描述两个样本的数据。分析表明，对于其他周期范围的 r_{PGA} 也服从对数正态分布。因此，本节认为对于一个给出的卓越周期 T_p，其 r_{PGA} 服从对数正态分布。

$$f(x) = \frac{1}{\sigma r_{PGA} \sqrt{2\pi}} e^{\left[-\frac{1}{2}\left(\frac{\ln r_{PGA} - \mu}{\sigma}\right)^2\right]} \qquad (10.9)$$

式中，σ 和 μ 是对数正态分布的两个参数。

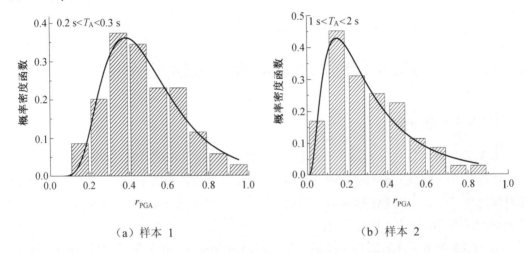

（a）样本 1　　　　　　　　　　（b）样本 2

图 10.15　两个样本规准化的频率分布直方图及回归得到的概率密度函数

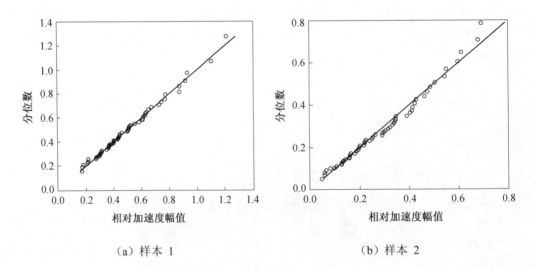

（a）样本 1　　　　　　　　　　（b）样本 2

图 10.16　两个样本的 Q-Q 图

10.5.2　概率模型

由上文分析知，采用对数正态分布能够有效描述相对加速度 r_{PGA}。由于 r_{PGA} 在长周期段的样本较少，因此很难通过回归分析获取精确的 μ 和 σ。在对数分布中，其中均值 r_{mean} 和中值 r_{median} 为

$$r_{\text{PGA mean}} = e^{\mu+\sigma^2/2} \tag{10.10}$$

$$r_{\text{PGA median}} = e^{\mu} \tag{10.11}$$

即

$$\mu = \ln r_{\text{PGA median}} \tag{10.12}$$

$$\sigma = \sqrt{2(\ln r_{\text{PGA mean}} - \ln r_{\text{PGA median}})} \tag{10.13}$$

为获得较为准确的均值和中值的统计值，本节将 466 条地震动分量分成 10 个样本，然后分别计算每一个样本的均值和中值。图 10.17 所示为 r_{PGA} 均值和中值相对于卓越周期的关系及回归结果，回归表达式为

$$r_{\text{PGA mean}} = \begin{cases} 0.233\ln T_{\text{p}} + 0.808, & 0 < T_{\text{p}} < 0.34\,\text{s} \\ 0.459^{(T_{\text{p}}+0.639)} + 0.091, & 0.34\,\text{s} \leqslant T_{\text{p}} \leqslant 10\,\text{s} \end{cases} \tag{10.14}$$

$$r_{\text{PGA median}} = \begin{cases} 0.244\ln T_{\text{p}} + 0.808, & 0 < T_{\text{p}} < 0.34\,\text{s} \\ 0.347^{(T_{\text{p}}+0.367)} + 0.072, & 0.34\,\text{s} \leqslant T_{\text{p}} \leqslant 10\,\text{s} \end{cases} \tag{10.15}$$

图 10.18 所示为 r_{PGA} 均值和中值回归结果的对比。由图知，中值一直小于均值，符合对数正态分布的规律。

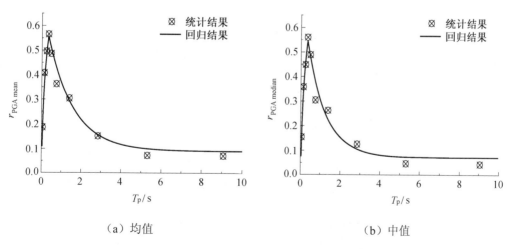

（a）均值　　　　　　　　　　　　　　　（b）中值

图 10.17　r_{PGA} 均值和中值相对于卓越周期的关系及回归结果

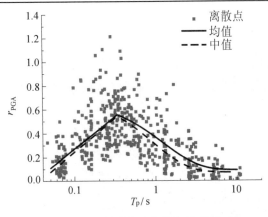

图 10.18　r_{PGA} 均值与中值回归结果的对比

通过上文分析知，可以确定任意给定 T_p 时 r_{PGA} 的 μ 和 σ，因此可以采用概率的方法确定 r_{PGA} 的取值。图 10.19 给出了 $T_p = 0.5\,s$、$1\,s$、$2\,s$、$4\,s$ 和 $8\,s$ 时 r_{PGA} 的概率密度函数和概率分布函数。由图知，短周期分量的 r_{PGA} 的概率密度曲线呈现出"高而窄"的特征，长周期分量 r_{PGA} 的概率密度曲线呈现出"矮而宽"的特征。图 10.20 所示为 6 种不同概率时 r_{PGA} 的曲线。后文将根据这一结果确定加速度设计谱。

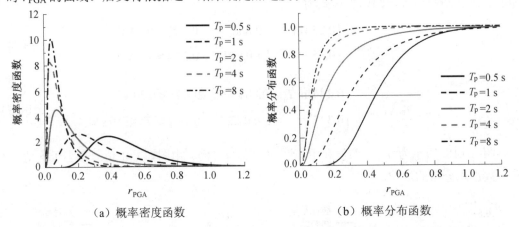

（a）概率密度函数　　　　　　　　　（b）概率分布函数

图 10.19　周期为 0.5 s、1 s、2 s、4 s 和 8 s 时 r_{PGA} 的概率密度函数与概率分布函数

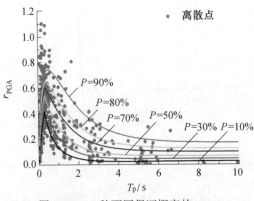

图 10.20　6 种不同保证概率的 r_{PGA}

10.6　标定设计谱

10.6.1　近断层反应谱

如果一单自由度体系的周期为 T_n，则该体系在卓越周期为 T_p 时的简单分量作用下的最大加速度反应谱为

$$PS_{aC} = PGA_O \cdot r_{PGA} \cdot \beta \tag{10.16}$$

式中，PS_{aC} 是单自由度体系在简单分量作用下的最大加速度反应；r_{PGA} 可由概率方法获取；β 是动力放大系数，可以采用式（10.16）计算得到。PGA_O 是相应原始地震动的峰值加速度。

图 10.21 所示为 53 条脉冲型地震动的峰值加速度相对于断层距的衰减关系及回归分析结果，关系式为

$$\lg PGA_O = -0.3\lg(R^2 + 9^2) + 0.268 \tag{10.17}$$

该 53 条脉冲型地震动的平均 PGA 为 0.5 g。图 10.22 给出了周期为 4 s 的单自由度体系在卓越周期介于 0～10 s 的简单分量作用下的加速度反应 PS_{aC} 曲线，并在计算时采用了 3 种不同的概率 30%、50%和 80%。

因此，这种方法能够反映不同周期的简单分量对单自由度体系的影响。鉴于此，本节将采用式（10.16）获取的 PS_{aC} 相对于简单分量周期 T_p 的函数称之为分量影响谱（Components Influence Spectrum，CIS）。

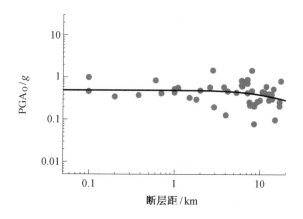

图 10.21　53 条脉冲型地震动的峰值加速度相对于断层距的衰减关系及回归分析结果

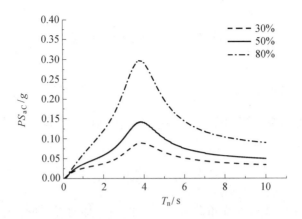

图 10.22　周期为 4 s 的单自由度体系的分量影响谱

如图 10.12 所示，单自由度体系在简单分量作用下的反应小于其在原始地震动作用下的反应。如果一条地震动含有一个卓越周期等于 T_p 的简单分量，周期同为 T_p 的单自由度体系在该分量作用下的最大加速度反应为 PS_{aC}，则该体系在原始地震动作用下的最大加速度反应式为

$$PS_{aO} = s_{aC} \cdot R_S \qquad (10.18)$$

式中，PS_{aO} 是单自由度体系在原始地震动作用下的最大加速度反应。

图 10.23 给出了 3 种不同概率下周期为 4 s 的单自由度体系的 PS_{aO} 谱。

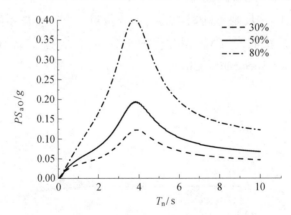

图 10.23　3 种不同概率下周期为 4 s 的单自由度体系的 PS_{aO} 谱

$$PS_{aC} = PGA_O \cdot r_{PGA} \cdot \beta_{max} \qquad (10.19)$$

$$PS_{aO} = PGA_O \cdot r_{PGA} \cdot \beta_{max} \cdot R_S \qquad (10.20)$$

式（10.19）和式（10.20）分别是式（10.16）和式（10.18）的包络线。图 10.24 所示为 50%概率下的 PS_{aC} 和 PS_{aO} 的包络线。由图知，通过考虑 R_S 能够显著提高式（10.20）短周期段的值。式（10.20）是单自由度体系在地震动作用下的最大加速度反应谱，与设

计谱的概念相同。因此，可以采用式（10.20）考虑脉冲型地震动的作用，本节称式（10.20）得到的谱曲线为近断层反应谱（Near-Fault Response Spectrum，NFRS）。

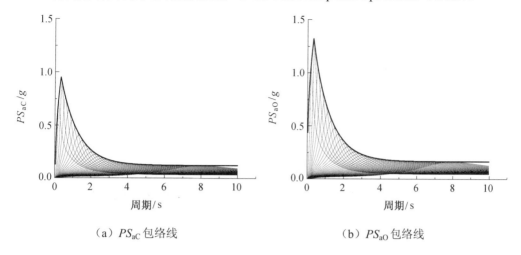

（a）PS_{aC} 包络线　　　　　　　　　　（b）PS_{aO} 包络线

图 10.24　PS_{aC} 和 PS_{aO} 的包络线

10.6.2　与欧洲规范、美国规范及我国规范的对比

本节的近断层反应谱 NFRS 与我国《建筑抗震设计规范》（GB 50011—2010）、欧洲规范（Eurocode 8）和美国规范（UBC 97 和 IBC 2012）的设计谱的对比如图 10.25 所示。在对比时，我国规范中 $\alpha_{\max} = 1.0\ g$ 和 $T_g = 0.4\ s$；UBC 97 规范中 $N_a = 1.2$、$N_v = 1.6$、$T_s = C_v/2.5C_a$ 和 $T_o = 0.2T_s$；IBC 规范中 $S_{DS} = 1.1\ g$ 和 $S_{D1} = 0.7\ g$；欧洲规范中 $a_g = 0.5\ g$、$S = 1.0$、$T_B = 0.15\ s$、$T_C = 0.55\ s$ 和 $T_D = 2.0\ s$。

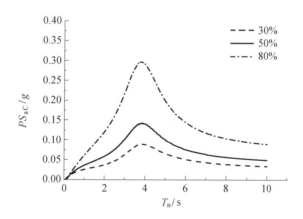

图 10.25　本节设计谱与美国规范和欧洲规范及我国规范设计谱的对比

由图知，在短周期段，我国的设计谱值最小，但由于我国规范在长周期段采用线性衰减方式，其在长周期段逐渐大于其他规范的谱值；在短周期段，欧洲规范谱值是最大

的，但在长周期段逐渐衰减至最小；当不考虑近场效应时，UBC 97 规范与我国规范的设计谱很相近；当考虑近场效应时，UBC 97 规范设计谱与本节的平均谱非常接近。因此，在一定程度上，UBC 97 规范能够考虑近断层脉冲型地震动平均反应谱的特征。

在 IBC 2012 规范中，并没有明确指出如何考虑近场效应。为使其能与平均谱相比，在对比中 IBC 2012 规范中的两个参数 S_{DS} 和 S_{D1} 分别定为 1.1 g 和 0.7 g。在这种情况下，设计加速度反应谱的最大值与平均地震动反应谱的最大值相等，且设计谱与平均谱在周期为 1 s 时相等。由图 10.25 知，IBC 2012 设计谱能够粗略体现平均谱的特征，但当周期大于 1 s 时 IBC 2012 设计谱明显小于平均谱。

在 UBC 97 规范中，可以通过断层距调整谱形态。在图 10.25 中，当断层距取 5 km 时，UBC 97 规范与本文取 60%概率的 NFRS 相近。但由图 10.26 知，虽然 UBC97 规范设计谱能够反映平均谱的特征，但仍小于许多实际地震动的反应谱。当其断层距取小于 2 km 时，在短周期段 UBC 97 设计谱的谱值有显著提升，但长周期段的谱值变化不大。如上文所述，可以通过改变 r_{PGA} 的概率而改变 NFRS 的谱值。由图 10.26 知，具有 90%概率的 NFRS 谱几乎可以作为 53 条脉冲型地震动反应谱的包络线。当周期小于 0.5 s 时，具有 80%概率的 NFRS 与小于 2 km 的 UBC 97 设计谱非常相近。但在长周期段，NFRS 谱更符合实际地震动的衰减规律。

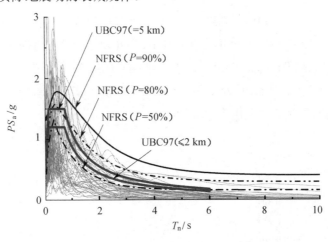

图 10.26　本节设计谱与 UBC97 规范设计谱的对比

10.7　本章小结

如前几章所述，传统的抗震设计谱均由大量地震动记录的平均反应谱得到。这种方法虽然能够反映平均谱的特征，但这种方法得到的设计谱形态较为固定。控制谱形态的参数通常与震级、场地和距离等因素相关。在使用时即使明显地修改参数，设计谱的形态也不会发生很大的改变。由本章的分析知，脉冲型地震动的反应谱在长周期段具有较大的谱值，其谱形态明显不同于其他的地震动。传统方法得到的设计谱并不能很好地反映脉冲型地震动的特征。从地震动分量的角度标定设计谱易于考虑不同地震动分量的影响，易于调整设计谱的形态，这是相对于传统设计谱标定方法的一大优势。此外，相对于原始的地震动记录，双规准反应谱的方法更适用于地震动分量。地震动分量的频率成分简单，其双规准反应谱的卓越周期易于确定，谱形态差异小，统计特性好。

参 考 文 献

[1] BIOT M A. Transient oscillations in elastic systems[D]. California: California Institute of Technology, 1932.

[2] BIOT M A. Theory of elastic systems vibrating under transient impulse with an application to earthquake-proof buildings[J]. Proceedings of the National Academy of Sciences, 1933, 19(2): 262-268.

[3] BIOT M A. A mechanical analyzer for the prediction of earthquake stresses[J]. Bulletin of the Seismological Society of America, 1941, 31(2): 151-171.

[4] BIOT M A. Analytical and experimental methods in engineering seismology[J]. Transactions of the American Society of Civil Engineers, 1943, 108(1): 365-385.

[5] KRISHNA J. On earthquake engineering in state of the art in earthquake engineering[R]. Kelaynak Publishing House: Turkish National Committee in Earthquake Engineering, 1981.

[6] VELETSOS A S, NEWMARK N M. Department of civil engineering [R]. University of Illinois: Department of Civil Engineering, University of Illinois, 1960.

[7] ALAVI B, KRAWINKLER H. Consideration of near-fault ground motion effects in seismic design[C]. Auckland: Proceedings of the 12th World Conference on Earthquake Engineering, 2000.

[8] MAVROEIDIS G P, DONG G, PAPAGEORGIOU A. Near-fault ground motions and the response of inelastic SDOF systems[J]. Earthquake Engineering and Structural Dynamics, 2004, 33(9): 1023-1049.

[9] XU L, XIE L. Bi-normalized response spectral characteristics of the 1999 Chi-Chi earthquake[J]. Earthquake Engineering and Engineering Vibration, 2004, 3(2): 147-155.

[10] YAGHMAEI-SABEGH S. Application of wavelet transforms on characterization of inelastic displacement ratio spectra for pulse-like ground motions[J]. Journal of Earthquake Engineering, 2012, 16(4): 561-578.

[11] 翟长海, 谢礼立. 考虑设计地震分组的强度折减系数的研究[J]. 地震学报, 2006, 28(3): 284-294.

[12] HOUSNER G W. Behavior of structures during earthquakes[J]. Journal of the Engineering Mechanics Division, 1959, 85(4): 109-130.

[13] HAYASHI S H, TSUCHIDA H, KURATA E. Average response spectra for various subsoil conditions[C]. Tokyo: Third Joint Meeting of US Japan Panel on Wind and Seismic Effects, 1971.

[14] KURIBAYASHI E, IWASAKI T, IIDA Y, et al. Effects of seismic and subsoil conditions on earthquake response spectra[C]. Seattle: Proceedings of the International Conference on Microzonation, 1972.

[15] SEED H B, UGAS C, LYSMER J. Site-dependent spectra for earthquake-resistant design[J]. Bulletin of the Seismological Society of America, 1976, 66(1): 221-243.

[16] MOHRAZ B. A study of earthquake response spectra for different geological conditions[J]. Bulletin of the Seismological Society of America, 1976, 66(3): 915-935.

[17] NEWMARK N M, HALL W J. Seismic design criteria for nuclear reactor facilities[C]. Santiago: Proceedings of the 4th World Conference on Earthquake Engineering, 1969.

[18] CROUSE C B, MCGUIRE J W. Site response studies for purpose of revising NEHRP seismic provisions[J]. Earthquake Spectra, 1996, 12(2), 407-439.

[19] BOORE D M, JOYNER W B, FUMAL T E. Equations for estimating horizontal response spectra and peak acceleration from Western North American earthquakes: a summary of recent work[J]. Seismological Research Letters, 1997, 68: 128-153.

[20] MOHRAZ B. Recent studies of earthquake ground motion and amplification[C]. Madrid: Proceedings of the 10th World Conference on Earthquake Engineering,1992.

[21] JOYNER W B, BOORE D M. Prediction of earthquake response spectra[R]. Open-file report: US Geological Survey, 1982.

[22] MOHRAZ B. Influences of the magnitude of the earthquake and the duration of strong motion on earthquake response spectra[C]. San Salvadore: Proceedings of the Central American Conference on Earthquake Engineering, 1978.

[23] MCGARR A. Scaling of ground motion parameters, state of stress, and focal depth[J]. Journal of Geophysical Research, 1984, 89: 6969-6979.

[24] MCGARR A. Some observations indicating complications in the nature of earthquake scaling[J]. Earthquake Source Mechanics, 1986, 37:217-225.

[25] KANAMORI H, ALLEN C R. Earthquake repeat time and average stress drop[J]. Earthquake Source Mechanics, 1986, 37: 227-235.

[26] ABRAHAMSON N A, SOMERVILLE P G. Effects of the Hanging Wall and Footwall on Ground Motions Recorded during the Northridge Earthquake[J]. Bulletin of the Seismological Society of America: 1996, 86(1B): 93-99.

[27] LOH C H, LEE Z K, WU T C, et al. Ground motion characteristics of the Chi-Chi earthquake of 21 September 1999[J]. Earthquake Engineering and Structural Dynamics, 2000, 29: 867-897.

[28] SOKOLOV V, LOH C H, WEN K L. Characteristics of strong ground motion during the 1999 Chi-Chi earthquake and large aftershocks: comparison with the previously established models[J]. Soil Dynamics and Earthquake Engineering, 2002, 22: 781-790.

[29] WANG G Q, ZHOU X Y, ZHANG P Z, et al. Characteristics of amplitude and during for near fault strong ground motion from the 1999 Chi-Chi, Taiwan Earthquake[J]. Soil Dynamics and Earthquake Engineering, 2002, 22: 73-96.

[30] SHABESTARI K T, YAMAZAKI F. Near-fault spatial variation in strong ground motion due to rupture directivity and hanging wall effects from the Chi-Chi, Taiwan earthquake[J]. Earthquake Engineering and Structural Dynamics, 2003, 32: 2197-2219.

[31] CAMPBELL K W.Earthquake engineering handbook[M].Boca Raton: CRC Press, 2002.

[32] JOYNER W B, BOORE D M. Measurement, characterization, and prediction of strong ground motion[C]. Park City: Proceedings of the Earthquake Engineering and Soil Dynamics, 1988.

[33] CAMPBELL K W, BOZORGNIA Y. Near-source attenuation of peak horizontal acceleration from worldwide accelerograms recorded from 1957 to 1993[C]. Chicago: Proceedings of the 5th US National Conference on Earthquake Engineering, 1994.

[34] SOMERVILLE P G, SMITH N F W, GRAVES R. Modification of empirical strong ground motion attenuation relations to include the amplitude and duration effects of rupture directivity[J]. Seismological Research Letters, 1997, 68(1): 199-222.

[35] FACCIOLI E. Estimating ground motions for risk assessment[C]. New York: Proceedings of the US-Italian Workshop on Seismic Evaluation and Retrofit, 1997.

[36] BOATWRIGHT J, BOORE D M. Analysis of the ground accelerations radiated by the 1980 Livermore Valley Earthquakes for directivity and dynamic source characteristics[J]. Bulletin of the Seismological Society of America, 1982, 72(6): 1843-1865.

[37] RODRIGUEZ-MAREK A. Near fault seismic site response[D]. Berkeley :University of California, 2000.

[38] XU L, XIE L. Characteristics of frequency content of near-fault ground motions during the Chi-Chi earthquake[J]. Acta Seismologica Sinica, 2005, 18(6): 707-716.

[39] 高小旺, 龚思礼, 苏经宇, 等. 建筑抗震设计规范理解与应用[M]. 北京: 中国建筑工业出版社, 2002.

[40] NEWMARK N M, HALL W J, MOHRAZ B. A study of vertical and horizontal earthquake spectra [R]. US Atomic Energy Commission: Report WASH-1255 Directorate of Licensing, 1973.

[41] MALHOTRA P K. Smooth spectra of horizontal and vertical ground motions[J]. Bulletin of the Seismological Society of America, 2006, 96(2): 506-518.

[42] 郭玉学, 王治山. 中国核电厂抗震设计用标准反应谱[J]. 世界地震工程, 1993, 2: 31-36.

[43] MOHRAZ B, SADEK F. Earthquake ground motion and response spectra[C]. In The Seismic Design Handbook, 2001.

[44] NEWMARK N M, HALL W J. Earthquake spectra and design[R]. Berkeley: Earthquake Engineering Research Institute, 1982.

[45] 徐龙军, 谢礼立, 胡进军. 抗震设计谱的发展及相关问题综述[J]. 世界地震工程, 2007, 23(2): 46-57.

[46] HU Y X. Earthquake engineering in China[J]. Earthquake Engineering and Engineering Vibration: 2002, 1(1): 1-9.

[47] 陈国兴. 中国建筑抗震设计规范的演变与展望[J]. 防灾减灾工程学报: 2003, 23(1): 102-113.

[48] 耿淑伟, 陶夏新, 王国新. 对抗震设计规范中地震作用规定的三点修改建议[C]. 南京: 第六届全国地震工程学会会议, 2002.

[49] 郭明珠, 陈厚群. 场地类别划分与抗震设计反应谱的讨论[J]. 世界地震工程: 2003, 19(2): 108-111.

[50] 赵斌, 王亚勇. 关于《建筑抗震设计规范》GB 50011—2001 中设计反应谱的几点讨论[J]. 工程抗震: 2003, 29(1): 13-14.

[51] 谢礼立, 马玉宏, 翟长海. 基于性态的抗震设防与设计地震动[M]. 北京: 科学出版社, 2009.

[52] 王亚勇, 郭子雄, 吕西林. 建筑抗震设计中地震作用取值[J]. 建筑科学: 1999, 15(5): 36-39.

[53] 李新乐, 朱晞. 抗震设计规范之近断层中小地震影响[J]. 工程抗震, 2004, 4: 43-46.

[54] 刘恢先. 论地震力: 刘恢先地震工程学论文选集[C]. 北京: 地震出版社, 1992.

[55] 刘恢先. 工业与民用建筑地震荷载的计算: 地震工程学论文选集[C]. 北京: 地震出版社, 1992.

[56] 刘恢先. 关于设计规范中地震荷载计算方法的若干意见: 地震工程学论文选集[C]. 北京: 地震出版社, 1992.

[57] 魏琏, 谢君斐. 中国工程抗震研究四十年[C] //龚思礼, 王广军. 中国建筑抗震设计规范发展回顾. 北京: 地震出版社, 1989: 121-126.

[58] 魏琏, 谢君斐. 中国工程抗震研究四十年[C] //王广军, 陈达生. 场地分类和设计反应谱. 北京: 地震出版社, 1989: 127-131.

[59] 魏琏, 谢君斐. 中国工程抗震研究四十年[C] //尹之潜, 王开顺. 抗震规范中地震作用计算方法的演变. 北京: 地震出版社, 1989: 132-137.

[60] 国家地震局工程力学研究所. 中国地震工程研究进展[C] //谢君斐. 我国建筑抗震规范中地基基础部分的发展. 北京: 地震出版社, 1992: 21-26.

[61] 魏琏, 谢君斐. 中国工程抗震研究四十年[C] //谢君斐. 土壤地震液化综述. 北京: 地震出版社, 1989: 32-36.

[62] 王亚勇. 现代地震工程进展[C] //胡聿贤. 中国地震动参数区划图(2001)简介. 南京: 东南大学出版社, 2002: 1-7.

[63] 胡聿贤. 《中国地震动参数区划图》宣贯教材[M]. 北京: 中国标准出版社, 2001.

[64] IAEE. Regulations for seismic design: a world list-1996[R]. International Association for Earthquake Engineering, 1996.

[65] 章在墉, 居荣初. 关于标准加速度反应谱问题:中国科学院土木建筑研究所地震工程报告集, 第一集[C]. 北京: 科学出版社, 1965.

[66] 陈达生. 关于地面运动最大加速度与加速度反应谱的若干资料:中国科学院工程力学研究所地震工程研究报告集, 第二集[C]. 北京: 科学出版社, 1965.

[67] 陈达生, 卢荣俭, 谢礼立. 抗震建筑的设计反应谱: 中国科学院工程力学研究所地震工程研究报告集, 第三集[C]. 北京: 科学出版社, 1977.

[68] 周锡元, 王广军, 苏经宇. 场地分类和平均反应谱[J]. 岩土工程学报, 1984, 5: 59-68.

[69] 郭玉学, 王治山. 随场地指数连续变化的标准反应谱[J]. 地震工程与工程振动, 1991, 11(4): 39-50.

[70] 谢礼立. 地震工程研究的基本任务及其传统与非传统的研究领域[C]. 哈尔滨: 国家自然科学基金委工程与材料学部十一五战略研究研讨会报告, 2005.

[71] 谢礼立, 李山有. 中国大陆十五强震观测发展计划[C]. 台北: 第四届海峡两岸地震科技交流会论文集, 2001.

[72] 李山有, 金星, 刘启方, 等. 中国强震动观测展望[J]. 地震工程与工程振动, 2003, 23(2): 1-7.

[73] 周雍年. 强震观测的发展趋势和任务[J]. 世界地震工程, 2001, 17(4): 19-25.

[74] BOLT B A. Duration of strong motion[C]. Santiago: Proceedings of the 4th World Conference on Earthquake Engineering, 1969.

[75] TRIFUNAC M D, BRADY A G. A study of the duration of strong earthquake ground motion[J]. Bulletin of the Seismological Society of America, 1975, 65: 581-626.

[76] MCCANN W M, SHAH H C. Determining strong-motion duration of earthquakes[J]. Bulletin of the Seismological Society of America, 1979, 69: 1253-1265.

[77] TRIFUNAC M D, WESTERMO B D. Duration of strong earthquake shaking[J]. Soil Dynamics and Earthquake Engineering, 1982, 1(3): 117-121.

[78] NOVIKOVA E I, TRIFUNAC M D. Duration of strong ground motion in terms of earthquake magnitude, epicentral distance, site conditions and site geometry[J]. Earthquake Engineering and Structural Dynamics, 1994, 23: 1023-1043.

[79] TEHRANIZADEH M, HAMEDI F. Effects of earthquake source parameters iran's earthquake duration[C]. Tehran: Proceedings of the 3rd International Conference on Seismology and Earthquake Engineering, 1999.

[80] 徐龙军, 谢礼立, 郝敏. 简谐波地震动反应谱研究[J]. 工程力学, 2005, 22(5): 7-13.

[81] XIE L L，XU L J, RODRIGUEZ-MAREK A. Representation of near-fault pulse-type ground motions[J]. Earthquake Engineering and Engineering Vibration, 2005, 4(2): 191-199.

[82] BRAY J D, RODRIGUEZ-MAREK A. Characterization of forward-directivity ground motions in the near-fault region[J]. Soil Dynamics and Earthquake Engineering, 2004, 24(11): 815-828.

[83] RATHJE E M, STOKOE K H, ROSENBLAD B. Strong motion station characterization and site effects during the 1999 earthquakes in turkey[J]. Earthquake Spectra, 2003, 19(3): 653-675.

[84] SASANI M, BERTERO V V. Importance of severe pulse-type ground motions in performance-based engineering: historical and critical review[C]. Auckland: Proceedings of the 12th World Conference on Earthquake Engineering, 2000.

[85] HALL J F, HEATON T H, HALLING M W, et al. Near-source ground motion and its effects on flexible buildings[J]. Earthquake Spectra, 1995, 11(4): 569-605.

[86] LIAO W I, LOH C H, WEN S. Earthquake responses of moment frames subjected to near-fault ground motions[J]. The Structural Design of Tall and Special Buildings, 2001, 10: 219-229.

[87] MENUN C, FU Q. An analytical model for near-fault ground motions and the response of SDOF systems[C]. Boston: Proceedings of the 7th US National Conference on Earthquake Engineering, 2002.

[88] SOMERVILLE P G. Development of an improved representation of near fault ground motions[R]. Oakland: SMIP98 Seminar on Utilization of Strong-Motion Data, 1998.

[89] SOMERVILLE P G. Magnitude scaling of the near fault rupture directivity pulse[J]. Physics of the Earth and Planetary Interiors, 2003, 137(1-4): 201-212.

[90] ALAVI B, KRAWINKLER H. Behavior of moment‐resisting frame structures subjected to near-fault ground motions[J]. Earthquake Engineering & Structural Dynamics, 2004, 33(6): 687-706.

[91] ALAVI B, KRAWINKLER H. Strengthening of moment-resisting frame structures against near-fault ground motion effects[J]. Earthquake Engineering and Structural Dynamics, 2004, 33: 707-722.

[92] DAI J, TONG M, LEE G C, et al. Dynamic responses under the excitation of pulse sequences[J]. Earthquake Engineering and Engineering Vibration, 2004, 3(2): 157-169.

[93] CUESTA I, ASCHHEIM M. The use of simple pulses to estimate inelastic response spectra[J]. Journal of Earthquake Engineering, 2004, 8(6): 865-893.

[94] CUESTA I, ASCHHEIM M A. Inelastic response spectra using conventional and pulse R-factors[J]. Journal of Structural Engineering, 2001,127(9): 1013-1020.

[95] 中国工程院课题组. 中国城市地下空间开发利用研究[M]. 北京: 中国建筑工业出版社, 2001.

[96] 胡进军. 地下地震动参数研究[D]. 哈尔滨: 中国地震局工程力学研究所, 2003.

[97] 胡进军, 谢礼立. 地震动幅值沿深度变化研究[J]. 地震学报, 2005, 27(1): 68-78.

[98] 胡进军, 谢礼立. 地下地震动频谱特点研究[J]. 地震工程与工程振动, 2004, 24(6): 1-8.

[99] TENG T L, LI S B, PENG K Z, et al. Depth dependence of strong ground motion observation from tangshan array[C]. California: Proceedings of the Sino-American Workshop on Strong-Motion Measurement, 1989.

[100] GRAIZER V M, CAO T, SHAKAL A F. Data from Downhole Arrays Instrumented by the California Strong Motion Instrumentation Program in studies of Site Amplification Effects[C]. California, Proceedings of the 6th International Conference on Seismic Zonation, 2000.

[101] LEE W H K, SHIN T C, KUO K W, et al. CWB free-field strong ground-motion data from the 21 September, Chi-Chi, Taiwan, earthquake[J]. Bulletin of the Seismological Society of America, 2001, 91: 1370-1376.

[102] 谢礼立, 李沙白, 钱渠炕. 电流计记录式强震加速度仪记录的失真及其矫正[J]. 地震工程与工程振动, 1981, 1(1): 1-8.

[103] PAPAZOGLOU A J, ELNASHAI A S. Analytical and field evidence of the damaging effect of vertical earthquake ground motion[J]. Earthquake Engineering and Structural Dynamics, 1996, 25(10): 1109-1137.

[104] ABDELKAREEM K H, MACHIDA A. Effects of vertical motion of earthquake on failure mode and ductility of RC bridge piers[C]. Auckland: Proceedings of the 12th World Conference on Earthquake Engineering, 2000.

[105] DIOTALLEVI P P, LANDI L. Effect of the axial force and of the vertical ground motion component on the seismic response of R/C frames[C]. Auckland: Proceedings of the 12th World Conference on Earthquake Engineering, 2000.

[106] BOZORGNIA Y, NIAZI M. Distance scaling of vertical and horizontal response spectra of the Loma Prieta earthquake[J]. Earthquake Engineering and Structural Dynamics, 1993, 22(8): 695-707.

[107] NIAZI M, BOZORGNIA Y. Behavior of near-source vertical and horizontal response spectra at sMART-1 array, Taiwan[J]. Earthquake Engineering and Structural Dynamics, 1992, 21(1): 37-50.

[108] BOZORGNIA Y, NIAZI M, CAMPBELL K W. Characteristics of free-field vertical ground motion during the northridge earthquake[J]. Earthquake Spectra, 1995, 11(4): 515-525.

[109] BOZORGNIA Y, NIAZI M, CAMPBELL K W. Observed spectral characteristics of vertical ground motion recorded during worldwide earthquakes from 1957 to 1995[C]. Auckland: Proceedings of the 12th World Conference on Earthquake Engineering, 2000.

[110] BOZORGNIA Y, CAMPBELL K W. The vertical-to-horizontal response spectral ratio and tentative procedures for developing simplified V/H and vertical design spectra[J]. Earthquake Engineering, 2004, 8(2): 175-207.

[111] NIAZI M, GOLESORKHI C. Development of vertical design spectrum for use in near-field[C]. California: Proceedings of the 5th International Conference on Seismic Zonation, 1995.

[112] AMBRASEYS N N, SIMPSON K A. Prediction of vertical response spectra in Europe[J]. Earthquake Engineering and Structural Dynamics, 1996, 25(4): 401-412.

[113] 石树中, 沈建文, 楼梦麟. 基岩场地地面运动加速度反应谱统计特性[J]. 同济大学学报, 2002, 30(11): 1300-1304.

[114] 周雍年, 周正华, 于海英. 设计反应谱长周期区段的研究[J]. 地震工程与工程振动, 2004, 24(2): 15-18.

[115] 耿淑伟. 抗震设计规范中地震作用的规定[D]. 哈尔滨: 中国地震局工程力学研究所, 2005.

[116] 耿淑伟, 陶夏新. 地震动加速度反应谱竖向分量与水平向分量的比值[J]. 地震工程与工程振动, 2004, 24(5): 33-38.

[117] 周正华, 周雍年, 卢滔, 等. 竖向地震动特征研究[J]. 地震工程与工程振动, 2003, 23(3): 25-29.

[118] 王国权. 921台湾集集地震近断层地面运动特征[D]. 哈尔滨: 中国地震局地质研究所, 2001.

[119] PITARKA A, IRIKURA K, IWATA T, et al. Three-dimensional simulation of the near-fault ground motion for the 1995 Hyogo-ken Nanbu (Kobe), Japan, earthquake[J]. Bulletin of the Seismological Society of America, 1998, 88: 428-440.

[120] WANG W H, CHEN C H. Static stress transferred by the 1999 Chi-Chi, Taiwan, earthquake: effects on the stability of the surrounding fault systems and aftershock triggering with a 3D fault-slip model[J]. Bulletin of the Seismological Society of America, 2001, 91: 1041-1052.

[121] SOKOLOV V, LOH C H, WEN K L. Empirical models for the site and region-dependent ground motion parameters in the taipei area[J]. Earthquake Spectra, 2001, 17(2): 313-332.

[122] MOHRAZ B, HALL W J, NEWMARK N M. A study of vertical and horizontal earthquake spectra[R]. Newmark Consulting Engineering Services: AEC Report WASH-1255, 1972.

[123] RATHJE E M, ABRAHAMON N A, BRAY J D. Simplified frequency content estimates

of earthquake ground motions[J]. Journal of Geotechnical and Geoenvironmental Engineering, 1998, 124(2): 150-159.

[124] NAKAMURA Y. A Method for dynamic characteristics estimating of subsurface using microtremor on ground surface[J]. QR Railway Technology Research Institute, 1989, 30(1): 25-33.

[125] ANDREJ G, STOPAR R, MARJETA C, et al. The Earthquake on 12 April 1998 in the Krn mountains (Slovenia): ground-motion amplification study using microtremors and modelling based on geophysical data[J]. Journal of Applied Geophysics, 2001, 47: 153-167.

[126] BOUR M, FOUISSAC D, DOMINIQUE P, et al. On the use of microtremor recording in seismic microzonation[J]. Soil Dynamics and Earthquake Engineering, 1998, 17: 465-474.

[127] LAM N T K, WILSON J L. Estimation of the site natural period from borehole records[J]. Engineering Structures, 1999, SE1(3): 179-199.

[128] FACCIOLI E, RESENDIZ D. Soil dynamics: behavior including liquefaction[J]. Developments in Geotechnical Engineering, 1976, 15: 71-139.

[129] CHAVEZ-GARCIA F J, CUENCA J. Site Effects in Mexico City urban zone, a complementary study[J]. Soil Dynamics and Earthquake Engineering, 1996, 15: 141-146.

[130] ADANUR S. Comparison of near-fault and far-fault ground motion effects on geometrically nonlinear earthquake behavior of suspension bridges[J]. Natural hazards, 2012, 64(1): 593-614.

[131] GHAHARI S F, JAHANKHAH H, GHANNAD M A. Study on elastic response of structures to near-fault ground motions through record decomposition[J]. Soil Dynamics and Earthquake Engineering, 2010, 30(7): 536-546.

[132] GALAL K, GHOBARAH A. Effect of near-fault earthquakes on North American[J]. Nuclear Engineering and Design, 2006, 236 (18): 1928-1936.

[133] AKKAR S, YAZGAN U, GÜLKAN P. Drift estimates in frame buildings subjected to near-fault ground motions[J]. Journal of Structural Engineering, 2005, 131(7): 1014-1024.

[134] BAKER J W. Quantitative classification of near-fault ground motions using wavelet analysis[J]. Bulletin of the Seismological Society of America, 2007, 97(5): 1486-1501.

[135] LUCO N, CORNELL C A. Structure-specific scalar intensity measures for near-source and ordinary earthquake ground motions[J]. Earthquake Spectra, 2007, 23(2): 357-392.

[136] HUBBARD D T, MAVROEIDIS G P. Damping coefficients for near-fault ground motion response spectra[J]. Soil Dynamics and Earthquake Engineering, 2011, 31(3): 401-417.

[137] BOMMER J J, ELNASHAI A S, WEIR A G. Compatible acceleration and displacement spectra for seismic design codes[C]. Auckland: Proceedings of the 12th World Conference on Earthquake Engineering, 2000.

[138] BOMMER J J, MAGENES G, HANCOCK J, et al. The influence of strong-motion duration on the seismic response of masonry structures[J]. Bulletin of Earthquake Engineering, 2004, 2(1):1-26.

[139] HANCOCK J, BOMMER J J. Using spectral matched records to explore the influence of strong-motion duration on inelastic structural response[J]. Soil Dynamics and Earthquake Engineering, 2007, 27(4): 291-299.

[140] PAVEL F, VACAREANU R, LUNGU D. Bi-normalized response spectra for various frequency content ground motions[J]. Journal of Earthquake Engineering, 2014, 18(2): 264-289.

[141] MANIATAKIS C A, SPYRAKOS C C. A new methodology to determine elastic displacement spectra in the near-fault region[J]. Soil Dynamics and Earthquake Engineering, 2012, (35): 41-58.

[142] MAKRIS N. Rigidity-plasticity-viscosity: can electrorheological dampers protect base-isolated structures from near-source ground motions[J]. Earthquake Engineering & Structural Dynamics, 1997, 26(5): 571-592.

[143] KRAWINKLER H, ALAVI B. Development of improved design procedures for near-fault ground motions[C]. Oakland: SMIP98 Seminar on Utilization of Strong-Motion Data, 1998.

[144] MAVROEIDIS G P, PAPAGEORGIOU A S. A mathematical representation of near-fault ground motions[J]. Bulletin of the Seismological Society of America, 2003, 93(3): 1099-1131.

[145] ABRAHAMSON N A, YOUNGS R R. A stable algorithm for regression analyses using the random effects model[J]. Bulletin of the Seismological Society of America, 1992, 82(1): 505-510.

名 词 索 引

附录 部分彩图

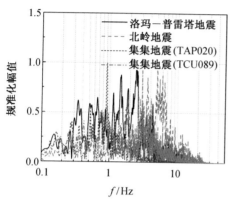

（a）规准化傅立叶谱

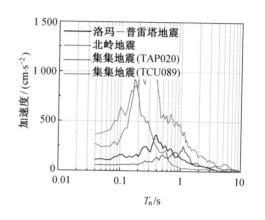

（b）加速度反应谱

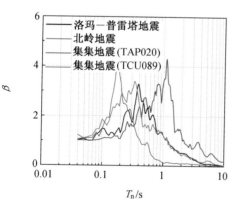

（c）规准加速度反应谱

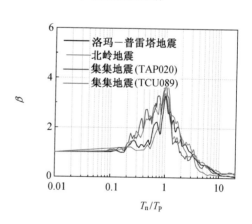

（d）双规准加速度反应谱

图 1.10 傅立叶谱、反应谱、规准谱和双规准谱的对比（$\xi = 0.05$）

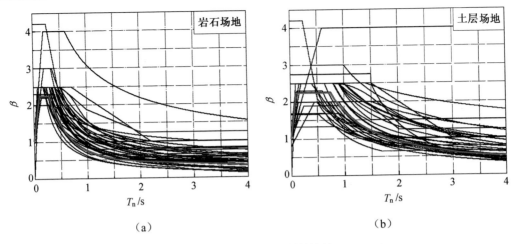

（a）　　　　　　　　　　　　　　　　　　　（b）

图 3.3　38 个国家或地区设计谱的比较（ξ=0.05）

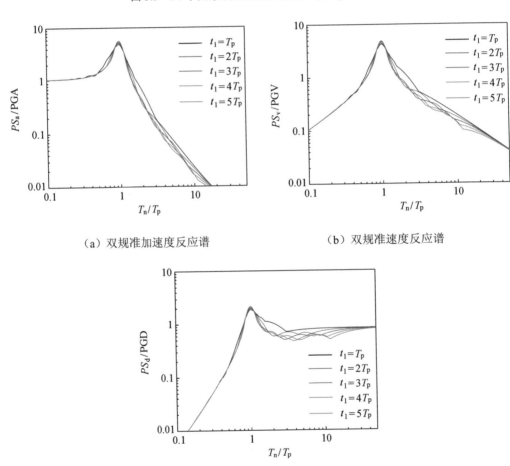

（a）双规准加速度反应谱　　　　　　　　　（b）双规准速度反应谱

（c）双规准位移反应谱

图 4.8　不同 t_1 取值的等效地震动模型的双规准反应谱

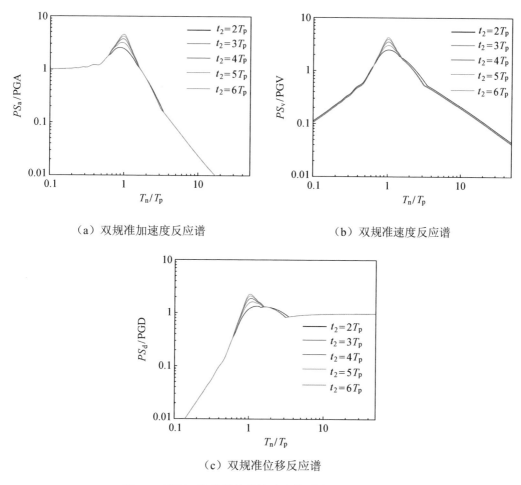

（a）双规准加速度反应谱　　　　　（b）双规准速度反应谱

（c）双规准位移反应谱

图 4.9　不同 t_2 取值的等效地震动模型的双规准反应谱

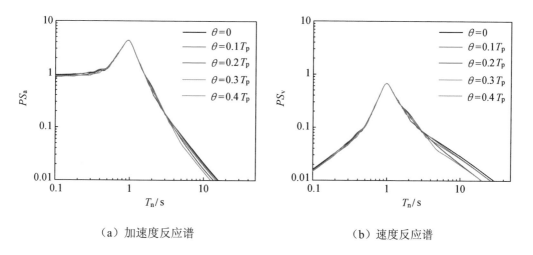

（a）加速度反应谱　　　　　（b）速度反应谱

图 4.10　不同相位角等效地震动模型反应谱

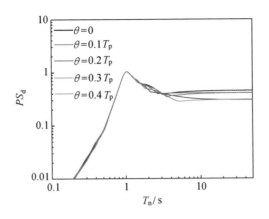

（c）位移反应谱

续图 4.10

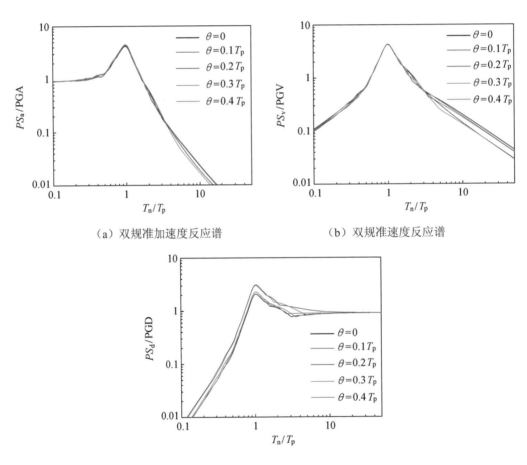

（a）双规准加速度反应谱　　　　　　（b）双规准速度反应谱

（c）双规准位移反应谱

图 4.11　不同相位角的地震动模型双规准反应谱